U0493811

动物检疫学实验操作技术

主 编 廖 娟 沈雪梅 王 钢

西南交通大学出版社
·成 都·

图书在版编目（CIP）数据

动物检疫学实验操作技术 / 廖娟，沈雪梅，王钢主编. -- 成都：西南交通大学出版社，2024. 8. -- ISBN 978-7-5774-0073-0

Ⅰ. S851.34-33

中国国家版本馆 CIP 数据核字第 2024HM3122 号

Dongwu Jianyixue Shiyan Caozuo Jishu

动物检疫学实验操作技术

主　编／廖　娟　沈雪梅　王　钢

策划编辑／孟秀芝
责任编辑／牛　君
封面设计／墨创文化

西南交通大学出版社出版发行
（四川省成都市金牛区二环路北一段 111 号西南交通大学创新大厦 21 楼　610031）
营销部电话：028-87600564　　028-87600533
网址：http://www.xnjdcbs.com
印刷：四川煤田地质制图印务有限责任公司

成品尺寸　185 mm × 260 mm
印张　6.25　　字数　153 千
版次　2024 年 8 月第 1 版　　印次　2024 年 8 月第 1 次

书号　ISBN 978-7-5774-0073-0
定价　19.50 元

课件咨询电话：028-81435775
图书如有印装质量问题　本社负责退换

《动物检疫学实验操作技术》
编委会

主　编　廖　娟（乐山师范学院）

沈雪梅（乐山师范学院）

王　钢（乐山师范学院）

副主编　龙文聪（乐山师范学院）

喻世刚（乐山师范学院）

编　委（排名以姓氏拼音为序）

陈鲜鑫（乐山市农业科学研究院）

梁　梓（乐山师范学院）

刘艳丽（乐山市出入境检验检疫局）

鲜凌瑾（乐山职业技术学院）

张瑞强（乐山市农业局）

前 言

Preface

《动物检疫学实验操作技术》是动物检疫相关专业理论教材《动物检疫学》的配套实验教材，也可以作为畜禽传染病实验课参考教材。

为了更好地提升教学质量，体现本学科的科学性、前沿性和实用性，我们根据教学大纲和课程设计，参考了国内外的相关文献，并在学习了其他兄弟院校的教学经验和资料后，编写了这套实验指导教材。本教材包括动物检疫学实验基本知识和技术、寄生虫的检疫技术、免疫学诊断操作技术、分子生物学诊断技术四部分内容。本教材目标是将理论知识与实际操作紧密结合，让学生能够将理论知识和感性认识有机地融合在一起。通过将书本上的知识应用于实验，学生可以在实验中更深入地理解基础理论，提升实践操作能力，增强综合能力和创新意识，以及分析和解决问题的能力，从而更好地实现培养实用型人才的目标。

本教材不仅选取了经典的传染病与寄生虫检测实验方法，还收集了最新的分子检测方法，力求与实际生产需求接轨，可以为生产一线提供参考。

在编写本书的过程中，我们得到了相关学院的领导和教授们的热情支持与指点，在此表示衷心的感谢。

由于编者缺乏经验，书中难免存在疏漏和不足之处，敬请读者，特别是使用本教材的院校老师提出宝贵意见，以利再版时改进。

编　者

2024 年 1 月

目录

Contents

第一章　动物检疫学实验基本知识和技术

任务一　动物检疫学实验课的目的和要求

一、目　的

动物检疫学的实验课程构成了动物检疫学教育的一个关键环节，通过挑选出经典和实用的实验内容，让学生对动物检疫学实验的基础操作技巧和方法有深入的了解，掌握正确的操作方法并养成良好的习惯。在整个实验课程中，我们应当重视培养学生的独立思维、分析和解决问题的能力，同时也要注重培养严格的工作态度和细致的操作技巧。

二、要　求

1. 预　习

在实验前，务必细致地阅读实验内容，结合已学的理论知识，深入理解实验目标和基本原理，并复习相关的基本知识和操作方法，以避免实验中由于计划不周导致不必要的忙碌和对实验结果造成不良影响。对实验的结果进行深入的理论分析，确保心中有明确的认知。

2. 清点药品器材

在实验操作之前，有必要依据实验指导来检查药品的名称和浓度以及器材的数量和性能，这样可以避免不正确的取用或放置。

3. 正确操作

在进行实验操作时，必须持有谦逊、认真和实事求是的科学态度，对于任何微小或简单的操作，都不能草率处理。在调试仪器和试剂添加量等方面，都必须确保操作的准确性和可靠性。

4. 认真观察和记录

在开始实验之前，务必准备一本专门的笔记本。在实验过程中，要细致地观察实验的各种现象，收集相关数据，并对实验的主题、内容、方法和结果进行详尽的记录，以供未来查阅和参考。严禁随意修改或篡改，并在必要时保存相关的图片和文件。

5. 爱惜药械和仪器

在使用药品时，要节约，避免浪费。在操作器械时，尤其是对于高精度的仪器，我们必须严格遵循教师提供的指导方法和流程，决不能掉以轻心或草率操作。

6. 遵守实验室规则、注意作风培养

务必严格遵循实验室的各项规定，加强工作作风的培训，并确保操作安全，以避免触电、药物中毒、被动物咬伤或生物有害物质泄漏等可能发生的事故。我们必须确保实验室始终保持干净。实验完成之后，必须确保所有使用的设备都被彻底清洗干净，对于需要消毒的部分，务必进行消毒处理，并将其重新放回预定的位置；对仪器的性能进行检验，并完成使用记录，如发现损坏，需向指导教师报告。实验用的动物或生物材料需要按照规定进行适当的处理。

7. 整理实验资料、书写实验报告

动物检疫学实验资料加以整理，例如通过设计表格进行对比分析或进行统计学处理（在必要的情况下，整合整个实验室的实验数据），并按照规定完成实验报告，提交给指导老师进行评审。实验报告的主要内容通常涵盖了实验的目的、采用的方法、得出的结果、进行的讨论以及得出的结论这五大部分。在写好实验报告后，要对实验所涉及的全部技术操作都作简要说明，并将自己的经验体会及建议等也一并记录下来。实验报告要求文字简练、书写整齐，并在措辞上注重其科学性与逻辑性。

三、实验过程中生物安全特别注意事项

在动物检疫学的实验过程中，由于实验对象和所用材料主要与生病的动物及其病原微生物相关，因此，操作者如果稍有疏漏，就可能导致疾病的广泛传播，甚至可能导致实验者自身感染，从而威胁到生命。为了保证实验安全进行，防止疫病传播蔓延，对学生进行正确操作技术指导是十分重要的。因此，在进行实验时，我们必须严格按照动物传染病实验室的操作指南来操作，以下是具体的操作步骤：

（1）当靠近生病的动物或进行实验操作时，实验者必须穿戴工作服和帽子，而在必要的情况下（如接触或操作危险病料），还需要佩戴口罩、胶靴、围裙、袖套、手套和眼镜。实验完成后，上述的衣物必须立刻在现场进行消毒和清洁；使用的注射器等器械和仪器也应及时进行彻底冲洗，以防病菌传播感染。在需要带回进行处理的时候，必须确保包扎得非常紧密，以确保安全并避免病原菌的污染。

（2）在进行实验操作的过程中，严禁吃东西、喝水或吸烟，并且不允许用手指或其他物品与嘴唇、眼睛、鼻子或脸部接触。在进行高风险的操作时，必须保持高度的专注和认真态度。当手和面部出现伤口时，应尽量避免使用危险的材料，如果确实需要操作，应涂抹碘酒，并使用胶带进行包扎，或者佩戴橡皮手套。

（3）危险材料及其污染的器物处理：按照以下方法进行及时正确的处理，防止引起疾病流行或危及他人：

① 在使用病料，特别是高致病性病料时，必须严格遵守无菌操作的规定，同时，容器应被轻轻取用和放置，以确保液体不会外泄。

② 在实验过程中的动物尸体、内脏、血液等废弃病料以及废弃的病原培养物和生物制品等，都必须进行深埋或经过严格的消毒处理（如焚烧、煮沸、高压灭菌等）后才能丢弃到公共垃圾处理场，严禁将未经消毒的危险性材料直接丢弃。

③ 用过的棉球、纱布、吸水纸等污物须置于固定容器内统一消毒处理，不得任意抛弃。

④ 使用后被污染的器械、器具应定点存放，统一清洗、消毒，不得随处乱放。

（4）对于突发事件的应对：如果危险病源材料意外滴落、翻覆或发生其他突发情况，应迅速通知指导老师并确保其得到及时和准确的处理。

① 当手指或皮肤受到扎伤或污染时，应迅速使用 2%的来苏儿（或其他合适的消毒剂）进行清洗，或者使用 2%的碘酊棉球进行擦拭，之后再用 75%的酒精棉球进行再次涂抹。

② 当危险物质不慎溅入眼睛时，应迅速使用清水或 5%的硼酸溶液进行冲洗，如有需要，应立刻寻求医疗帮助。

③ 当危险物品被吸入口中时，建议使用清水或 10%的硼酸溶液进行漱口，如有需要，应立刻寻求医疗帮助。

④ 当衣物和帽子受到污染时，可以使用 5%的石炭酸或 10%的福尔马林进行湿润消毒，而在必要的情况下，还可以使用碱水进行煮洗或进行高压灭菌处理。

⑤ 当桌面、地板或地面遭受污染时，应采用 5%石炭酸、10%福尔马林或其他适宜的消毒药液，用抹布蘸湿后覆盖于污染处，经过 30 min 后进行清洁处理，或倒入足量药液使其充分湿润。

（5）实验结束后，必须先进行手部清洁和消毒，然后才能离开。可以首先使用 1%～3%的来苏儿溶液或其他合适的消毒液进行清洗，再使用肥皂水进行彻底的清洗。

任务二 动物实验的基本技术

一、动物的保定与安全防护

动物保定是一种通过人为手段，使动物更容易接受诊断、预防、治疗或血液检测，从而确保人和动物安全的保护措施。动物保定术是兽医领域（尤其是防疫领域）从业者必须掌握的基本操作技能。优秀的保定技术能够在确保人和动物安全的基础上，有效推动防疫工作的顺利进行。

因此，应注意以下事项：

（1）应对动物的习性进行深入研究，了解其在日常生活中的行为特点，最好是在动物主人的协助下完成此项任务，以确保对动物的全面了解。

（2）对待动物应当充满关爱，避免对它们直接采取粗鲁的态度。

（3）在选择固定动物的工具，如绳索时，应确保其结实且粗细适中，同时所有的绳结都应该是活的，确保在紧急情况下可以迅速地解开。

（4）在保定动物的过程中，应依据动物的体积来选择合适的场地，确保地面平滑，避免碎石、瓦砾等，防止对动物造成伤害。

（5）在进行保定操作时，应依据具体的实际状况来选择最合适的保定方式，以确保操作的可靠性和简便性。

（6）无论是接近单个动物或畜群，都应该适度限制参与者的数量，切忌一哄而上，以防止对动物造成惊吓。

（7）我们应当高度重视个人的安全保护措施。保定的方式繁多，选择保定方法时，须根据具体情况及动物种类，寻求最适宜的方法。

本章将着重阐述几种简易且实用的保定方法。

（一）猪的保定

1. 提起保定

（1）正提保定

① 适用范围：主要适用于仔猪的耳根部和颈部做肌肉注射等。

② 操作方法：在执行保定操作时，操作者需以稳健的姿态，用双手分别握住猪的两只耳朵，随后逐步向上提起猪的头部，从而使猪的前肢保持在悬空状态。

（2）倒提保定

① 适用范围：适用于对仔猪进行腹腔注射。

② 操作方法：在保定过程中，操作者需稳固地握住猪的后腿胫部，紧接着用力抬起，使得猪的腹部向前。同时，运用双腿紧密地夹住猪的背部，以确保在猪挣扎时能够有效限制其活动。

2. 倒卧保定

（1）侧卧保定

① 适用范围：适用于猪的注射、去势等。

② 操作方法：在这个操作过程中，一个保定者紧紧抓住猪的后腿，而另一保定者则抓住猪的耳朵，使猪失去平衡，然后猪会侧躺倒地，固定其头部，并根据实际需求来固定四肢。

（2）仰卧保定

① 适用范围：适用于前腔静脉的血液采集和药物灌注等。

② 操作方法：将猪倒置，让猪维持一个仰卧的姿态，并稳固其四肢。

（二）马的保定

1. 鼻捻棒保定

（1）适用范围：主要适用于常规的兽医医学检查、治疗以及颈部肌肉的注射等。

（2）操作方法：首先，将鼻捻子的绳套固定在一只手（左手）上，并将其夹在手指之间。接着，用另一只手（右手）紧紧握住笼头。当持绳套的手从鼻梁轻轻滑至上唇时，需迅速且果断地抓住马的上唇。此时，另一手（右手）从笼头处移开，将绳套套在上唇上，并立即用力捻转把柄，直至达到紧固状态。

2. 耳夹子保定

（1）适用范围：适用于一般兽医常规检查、治疗以及颈部肌肉注射等。

（2）操作方法：首先，将一手置于马的耳后颈侧，紧接着迅速握住马耳。另一手迅速将耳夹放置于耳根部位，并紧密夹紧。紧握耳夹，以防马匹的不安与挣扎导致夹子脱落，对保定者产生安全隐患。

3. 两后肢保定

（1）适用范围：适于马直肠检查、阴道检查以及臀部肌肉注射等。

（2）操作方法：使用一根大约 8 m 长的绳索，在绳子的中段对折并打一个颈套，然后套在马颈的基部和两端，通过在两个前肢和两个后肢之间进行交叉，然后分别返回左右两侧，这样可以使绳套落在系部，从而将绳端拉回到颈套，并将其固定。

4. 柱栏内保定

（1）二柱栏内保定

① 适用范围：适用于兽医临床检查、蹄部检查、蹄部安装以及臀部肌肉的注射等。

② 操作方法：首先将马牵到柱栏的左侧，然后将缰绳绑在横梁前端的铁环上，再用另一根绳子将颈部系在前柱上，最后用围绳缠绕并吊挂胸部和腹部的绳子。

（2）四柱栏及六柱栏内保定

① 适用范围：适用于常规兽医临床检查、治疗以及检疫等。

② 操作方法：首先将马牵到柱栏的左侧，然后将缰绳绑在横梁前端的铁环上，再用另一根绳子将颈部系在前柱上，最后用围绳缠绕并吊挂胸部和腹部的绳子。

（三）牛的保定

1. 徒手保定

（1）适用范围：适用于常规兽医检查、药物灌注、颈部肌肉和颈静脉的注射等。

（2）操作方法：首先，操作者需单手紧紧握住牛角，随后拉动鼻绳与鼻环，或用拇指、食指及中指紧紧捏住牛的鼻中隔以实现稳固控制。

2. 牛鼻钳保定

（1）适用范围：适用于常规兽医检查、药物灌注、颈部肌肉、颈静脉的注射以及兽医检疫等。

（2）操作方法：首先，将鼻钳的两个钳嘴紧贴鼻孔，紧接着迅速夹紧鼻中隔。操作时，可以采用单手或双手握持，亦可使用绳索将钳柄予以固定。

3. 柱栏内保定

（1）适用范围：本方法适用于兽医临床检查、检疫、各类注射以及颈部、腹部、蹄部等部位的疾病治疗。

（2）操作方法：单栏、二柱栏、四柱栏、六柱栏保定方法步骤与马的柱栏保定基本相同。

此外，根据实际情况，亦可利用自然树桩进行简易保定。

4. 倒卧保定

（1）背腰缠绕倒牛保定（一条龙倒牛法）

① 适用范围：适用于去势手术及其他外科手术等。

② 操作方法：a. 套牛角：在绳子的一端制作一个较大的活绳圈，然后套在牛的两个角根部。b. 做第一绳套：沿着非卧侧颈部外侧及躯干上方进行后方牵引，紧接着在肩胛骨后角处环绕胸部，从而形成第一个绳索圈套；c. 做第二绳套：继而向后引至臀部，再环腹一周（此套应放于乳房前方）做成第二绳套；d. 倒牛：两人缓慢地向后拉绳子的游离端，然后由另一人持住牛的角，使得牛的头部向下倾斜，接着牛就会迅速地蜷曲腿部并缓缓地倒地。待牛倒地后，用绳子拉紧牛体，使其头朝上。e. 固定：当牛躺下时，务必确保其头部稳固，以避免牛站立。通常，我们不需要绑住四肢，但在必要的时候可以将其固定。

（2）拉提前肢倒牛保定

① 适用范围：适用于去势手术及其他的外科手术等。

② 操作方法：a. 保定牛头：需要三名人员进行牛的倒置和固定，其中一名人员负责固定头部（可以使用鼻绳或笼头）。另两人保定四肢及颈后部位。b. 保定方法：选择大约 10 m 长的圆绳，将其分为长段和短段，然后在转角位置制作一套结，并将其套在左前肢系部；将短绳的一端从胸部延伸到右侧，绕过背部后再回到左侧，然后由一名人员进行拉绳固定；另外，将长绳引导至左髋结节的前方，然后通过腰部返回，绕其一圈并打半个结，再将其引导向后方，由两人共同牵引。如此反复数次，直至两前腿均能抬起为止。c. 固定：当牛向前移动一步并抬起其左前腿的瞬间，三人齐心协力地拉紧绳子，导致牛跪下并随后躺下；一人迅速地固定牛的头部，另一人稳固牛的后部，还有一人迅速地将缠绕在腰间的绳子向后拉，并确保它滑到两只后腿的蹄部并紧紧拉住，最终将两只后腿与左前肢紧密绑在一起。

（四）羊的保定

1. 站立保定

（1）适用范围：适用于进行兽医临床诊断、治疗以及疫苗注射等。

（2）操作方法：用双手抓住羊的两个角或耳朵，然后骑在羊的身体上，利用大腿的内侧来固定羊的两侧胸壁。

2. 倒卧保定

（1）适用范围：适用于兽医临床治疗、简单兽医手术和疫苗注射等。

（2）操作方法：操作者需要俯身，用一只手从另一侧紧紧抓住两个前肢的系部或者一只前肢的臂部。

（五）犬的保定

1. 口网保定

（1）适用范围：适用于常规兽医临床检查和注射疫苗等。

（2）操作方法：使用皮革、金属丝或棉麻来制作口网，并将其固定在两耳的后方颈部。

口网上可结毛绳和小铁片等以固定犬牙及舌头。口网的规格各异，应根据狗的体型来选择。

2. 扎口保定

（1）适用范围：适用于常规兽医临床检查和疫苗注射等。

（2）操作方法：使用绷带或布带制作猪蹄扣，并将其套在鼻子和面部，确保绷带两端位于下颌位置并向后延伸至颈部进行固定，这种方法相对于口网法来说更为简洁和稳固。

3. 犬横卧保定

（1）适用范围：适用于兽医临床检查、常规治疗、疫苗注射以及静脉输液采血等。

（2）操作方法：首先是对犬进行扎口固定，接着用双手分别抓住犬的两个前肢腕部和两个后肢的跖部，然后将犬抬起并横躺在平台上，用右臂压紧犬的颈部，这样就可以进行固定了。

二、动物采血

针对不同动物，采血方式不同；同种动物，其体型大小不同，采血方式也不尽相同。动物采血，需要特别注意以下几点。

（1）在进行采血的场所，确保有足够的光照，夏天的室内温度最好维持在 25 ~ 28 ℃，而冬天则建议在 14 ~ 20 ℃。

（2）采血所用器具：用于采血的工具，如注射器或用于盛血的容器，都必须保持其清洁和干燥状态；采集血液的部位必须进行消毒处理。

（3）做好保定，注意安全。保定时要注意防止被咬伤、烫伤和压伤等意外伤害的发生，避免因保定不当造成疫病传播。根据动物的种类和大小的差异，应用不同的固定方法。同时，对未被保定的动物应保持一定距离，以防对其他动物产生刺激和惊吓。在固定动物之后，需要确保它们保持相对稳定，不能有任何骚动，也不能左右晃动。在执行保定动作时，应避免使用粗鲁的方式，并尽可能通过抚摸来使其保持安静。

（4）选准进针的部位。在采血过程中，选择合适的部位至关重要，而在进行进针操作时，还需要精确掌握方向、角度和深度，并适时进行调整。如果血管被刺穿，可能会导致血肿形成，因此需要立刻停止采血，并更换其他动物进行采血。

（5）处理好所采的血液。

在取得血液之后，应迅速地将注射器里的血液慢慢地沿着储存血液的容器注入，确保没有气泡，不能振动，并以倾斜的方式放置。也可以将其倾斜地放入注射器中，然后进行检验。如不需要进行全血及红细胞等标本的检测，则应将采得的全部血浆分别送实验室进行常规检验。如果需要进行血清送检，在冬季应将其置于 25 ~ 37 ℃的温水中一段时期，以帮助血清更好地析出。如果需要进行全血的抗凝处理，应在注射器或试管中预先添加抗凝剂。在进行血液样本的送检时，应在保温箱中加入适量的冰块以防止血液变质，并在送检过程中尽可能避免剧烈的振动。

（6）选择适宜的针筒和针头。针筒通常选用 1 ~ 10 mL 一次性使用的针筒。

鉴于动物的体型、血管的尺寸和深度存在差异，所需的针头也会有所不同。

下面就不同的动物采血方法做一简要概述。

（一）家　兔

（1）耳缘静脉取血：首先需要移除耳缘的毛发，然后使用灯泡对耳朵进行加热或用 75% 的酒精对其进行局部涂抹，以使静脉扩张。接着，用液状石蜡对耳缘进行涂抹，以防止血液凝结。取下针眼处皮肤时用力向下拉拽至外耳道口即可取出静脉血。在对耳朵进行加热处理时，可通过小血管将耳朵固定在耳根部位，随后运用粗号针头或刀片，沿着静脉回流方向进行穿刺。由此，血液将自然流出，一般情况下，可采集到 2 ~ 3 mL 的血液。

注意不要把皮肤烫伤，也不能用手挤压出血的部位，以免引起组织损伤和感染。在取出血液之后，用棉球进行压迫以达到止血效果。

（2）耳中央动脉采血：首先，操作者需以左手稳住兔子耳朵，随后用右手握持注射器，在中央动脉末端朝心脏方向刺入，然后缓缓地回抽针栓，这样动脉的血会立刻流入针筒，1 次可以取得 15 mL 的血。耳部肿胀时可将针头从血管内抽出少许血样即可。由于兔耳的中央动脉容易出现痉挛和收缩，因此在进行抽血之前，必须确保兔耳得到充分的充血，并迅速进行抽血操作，抽取血液后使用棉球进行压迫以止血。

（二）狗

头静脉及小隐静脉采血操作：首先对犬只进行妥善固定，随后清除采集部位的局部毛发。采用碘酒进行严格消毒。在确保静脉充盈的情况下，按照常规穿刺方法采集血液。在必要的情况下，也可以从心脏、颈部静脉或股动脉采取血液。

（三）鸡

对鸡的采血常采用翼下静脉采血法，其他家禽也常采用本方法。静脉，亦称容量血管，具有血容量较大且流速较慢的特点，且易于寻找，在健康安全范围内，可采集 10 ~ 20 mL 血液。此外，该方法操作简便，仅需一个人就能完成，其采血量可以很容易地控制，止血效果非常彻底，对家禽的影响也相对较小。

采血者使用右手拿着注射器，左手则提起家禽的双翼，这样可以露出翼静脉的取血部位。当他们拔出覆盖血管的羽毛时，可以清晰地看到一个相对较粗的静脉血管。此时可进行常规血液采集实验。如果需要多次重复采血，建议从心脏的远端开始。用双氧水消毒局部创口及周围组织。在采血过程中，用左手的大拇指紧紧夹住覆盖在静脉上的羽毛，食指则与大拇指配合，夹住双翼，然后用中指、无名指和手掌轻轻地提起或轻压鸡只的背部，直到鸡只安静下来才能进行刺针操作。先用酒精棉球蘸取少许酒精涂于针孔周围以消毒，然后向四周均匀涂抹酒精棉，使整个皮下形成一个无菌圈，再用胶布固定住。在距离静脉血管 0.3 ~ 0.5 cm 的位置，将针头斜向刺入皮肤，然后与血管平行 0.2 ~ 0.4 cm 后再刺入血管。当观察到少量的回血时，可以立即采集血液，并在采血结束后迅速用手按压伤口以止血。

（四）猪

1. 选取合适的针筒和针头

根据猪的品种、年龄等因素来选择针筒的规格。针筒的规格通常是 5 mL 的单次使用针筒。鉴于猪的体型和前腔静脉的深度存在差异，所需的针头也会有所不同。针太粗或过短，都不能刺入前腔壁，针头长度过长，它可能会刺穿前腔静脉，同样无法取得血液。对于成年公猪和母猪，建议使用 16#50 mm 的针头；对于体重超过 40 kg 的中型和大型猪，建议使用 12#38 mm 的针头；对于体重在 10 ~ 40 kg 的小猪，推荐使用 9#25 mm 的一次性注射器针头；对于体重不超过 10 kg 的乳猪，建议选用 9#20 mm 的针头。

2. 猪的采血

（1）成年母猪的采血

对于成年的母猪，我们使用站立式的固定方式，其中一个人使用保定绳在母猪面前吊起其上颌骨，并向前方施加力量。以猪的前肢刚刚接触地面但不能踩地为标准，并确保两侧的胸前窝完全暴露。建议将其悬挂得稍微高一些，确保猪的头部和颈部与水平线保持 30°或更高。这种做法不仅便于采血工作人员仔细观察采血区域，同时也导致前腔静脉外凸，从而使静脉内的血液变得充盈。再把猪头放在垫板上垫稳，让它慢慢抬起，以防止头部向前倾倒造成血块堵塞针眼，也便于操作。完成保定后，可以使用 70%的酒精棉球对进针部位进行消毒（无论是左胸前窝还是右胸前窝，但右胸前窝的消毒效果更佳）。采血员需要手持一次性注射器（选择 16#50 mm 的针头），向右胸前窝的最底部且垂直于凹底部方向进针，直到前腔静脉的血液以直线方式进入注射器，通常采取 5 mL 即可。提取采血针后，利用酒精棉球对进针位置进行消毒并按压止血，再解除母猪的保定。

（2）仔猪和小猪的采血

对于体重较轻（40 kg 以下）的猪只，通常采取仰卧姿势。这是目前采集猪血的主要方法。一人需抓住猪只的两条后腿，尽量向后牵拉，另一人则用手将下颌骨向下压迫，使头部贴地，同时确保两前肢与身体中线基本垂直。在此过程中，两侧第一对肋骨与胸骨结合处的前侧方会出现两个明显的凹陷窝。在消毒皮肤后，采血人员需使用配备 9 号针头的一次性注射器。对于 10 ~ 40 kg 的小猪，应选用 9#25 mm 针头；对于 10 kg 以下的乳猪，应选用 9#20 mm 针头。

采血时，针头需向右侧凹陷窝处刺入，由上而下，稍偏向中央及胸腔方向。当见到回血时，即可开始采集血液，一般采集量为 3 ~ 4 mL。采集完毕后，左手持酒精棉球紧压针孔处，右手迅速拔出采血针管。为防止出血，需压迫片刻，并涂抹碘酒进行消毒。

（3）中大猪的采血

中大猪采纳了站立式的固定方式。在采血的时候，猪要求站立。一个人站在猪的头前方，使用猪嘞子套住猪的上颌骨，紧紧拉住猪嘞子，并用力向前拉扯。同时，稍微吊起猪的上颌骨，确保猪的两只前肢正好接触地面。此时，猪的注意力主要集中在鼻子上，多数猪会后退，以维持其稳定的站立姿态。采血完毕后，立即用脚蹬地，使猪体迅速向前移动到适当位置，再把猪放平，以防止猪跑位或侧翻。在这个阶段，在猪的前腔静脉采血过程中，首先需充分暴露胸前两侧的凹陷窝，即最佳采血点。随后，采血人员将对进针部位的皮肤进行消毒，采用酒精进行处理。采血人员手持一次性注射器（选用 12#38 mm 针头），针对右侧胸前凹陷窝最低处，沿由下而上的方向，垂直于凹部进行进针。注射完一次针后立即抽出注射筒内空气。当采血工作人员感觉到存在负压和回血现象时，则意味着针头已刺入血管，接着轻轻地移动注射器的内部，以取得血液样本。如针尖无出血现象，说明该部位已进了气，可重新穿刺进行操作。通常情况下，采血 5 mL 就足够了，采血完成后，取出针头，用酒精棉球对采血部位进行短暂压迫以止血，然后解除保定。

任务三 病料的取材和送检

一、目 的

掌握被检病料的采取、保存、送检的方法。

二、材 料

实验动物（鸡）、瓷盘、剪子、镊子、酒精灯、酒精、接种环、载玻片、火柴棒等。

三、步 骤

（一）病料的采取

1. 采取病料的基本原则

（1）采集最适病料

理想的病料应当是无菌采集的，并且含有高含量病原微生物的血液、器官、分泌物和排泄物。我们需要根据疾病的性质来选择适当的病料。如果不能确定具体是哪种疾病，那么应该根据患者的临床症状和病理变化来收集病料或进行全面的病料采集。在实验室中进行病原菌分离培养时要选择适宜的培养基和适当的培养条件。在取样过程中，需要特别关注由病原微生物引发的各种疾病类型（如呼吸道、胃肠道、皮肤和黏膜、败血性等），以及病原微生物可能侵入的区域和可能感染的目标器官。用于细菌检测的样本应来源于未接受抗菌药物治疗的患病动物，并应尽可能制作较多的涂片。对病原菌培养后进行药敏试验可以选择敏感抗生素。当需要进行血清抗体的检测时，应使用血液，并通过离心方法将血清分离出来，然后放入已灭菌的带盖离心管或灭菌小瓶中进行进一步的检测或送检。

（2）适时采集

选择合适的时间收集病料是至关重要的。采集病料的时间一般在疾病流行早期、典型病急性期，原微生物的检测率相对较高；在疾病的后期阶段，由于体内免疫系统的形成，病原微生物数量下降，这使得对病原微生物的检测变得更为困难，并可能引发交叉感染，从而增加了诊断的难度。因此，应尽量早采集发病初期的病变部位或已形成脓肿者，并保证标本及时进行细菌培养及血清学试验检查。当需要采集用于抗体检测的血清时，可以适当地收集急性期和恢复期的两个血清样本，通常这两个血清样本之间的时间间隔是 14 ~ 21 d。在进行样本采集时，应从胸腔到腹腔，首先无菌采集实质器官，以防止外源污染，然后再收集被污染的组织，如胃肠道组织和粪便等。对脏器病或败血症者应尽早采集标本并送实验室做进一步检查。对于内脏疾病的处理，必须在动物死亡后立刻开始；肝脏病标本应尽早采出，以减少对其他脏器及血液中致病菌的干扰。在夏天，最长时间不应超过 4 ~ 6 h，而在冬天则不应超过 24 h。如果时间过长可能会导致其他细菌进入肠道，从而使尸体腐烂，妨碍病原菌的检测。在采血前，应根据血样中是否带出病原体，对血液做细菌学检查或分离鉴定。在采集用于制作切片的样本后，必须立刻加入固定液，否则如果时间过长，可能会导致细菌和组织细胞的死亡和溶解，从而对检验结果产生不良影响。因此在采集标本前或取血时均应取新鲜组织块。在有条件进行现场培养的情况下，应先切开尸体进行接种培养，接着进行样品采集，最后进行剖检。

（3）无菌操作

用于采集病料的工具和容器必须经过严格的消毒，金属工具如刀具、剪刀、镊子等可以通过煮沸的方式消毒 30 min，使用前建议使用酒精进行擦拭，并在火焰上灼烧；各种器皿，如玻璃制品、陶瓷制品和珐琅制品，都应在高压消毒器或干烤箱中进行灭菌处理；软木塞与橡皮塞都需要进行高压消毒处理；载玻片需用 2% ~ 5%的碳酸钠进行煮沸消毒，时间为 5 ~ 10 min，煮沸后需用清水彻底冲洗，然后将其擦干保存或浸泡在 95%的酒精溶液中，以备后续使用；注射器和针头放入干净的水中，煮沸 30 min，或者选择使用一次性注射器。在采集病料的整个过程中，必须确保无菌操作，以最大限度地减少杂菌的污染。使用一种特定的病料，搭配一套医疗器械，或者在用酒精对器械进行火焰消毒后，再采集另一种病料。将不同种病料放入不同的特定容器中，避免混合使用。

（4）剖前检查

针对突然死亡或其病因尚不明确的尸体，首先需要从末梢血液中提取样本制作成涂片，并进行显微观察，以确定是否存在炭疽杆菌。对可疑病例应做细菌学检查。如果怀疑是炭疽，则不能进行解剖检查。当需要进行剖检并收集疾病样本时，必须得到上级相关部门的批准，选择适当的场所，并进行严格的预防措施，完成剖检后还需进行彻底的消毒操作。对于疑诊为炭疽病人必须做病原学检查和血清型鉴定。只有在确认其并非炭疽之后，我们才能进行解剖检查。

（5）其他注意事项

采样时还应充分考虑动物福利，并做好个人保护措施，预防人畜共患传染病的感染。为了避免对环境的污染和疾病的传播，我们必须确保环境得到彻底的消毒，并妥善处理废弃物。

（6）抽样占比

在大规模养殖场中，抽样检测的占比通常不低于 0.1% ~ 0.5%。而对于规模较小的养殖场，抽样率应适当提高，一般认为 2.0%为理想的抽样比例。

2. 病料采集的方法

（1）液体材料

一般使用灭菌棉拭子来采集破裂的脓液、鼻液、阴道分泌物和排泄物。针对未破裂的脓肿、胸水和腹水，应在对皮肤表面进行消毒处理后，使用无菌注射器进行抽取。

（2）血液

血液样本主要应用于病原体培养、抗体检测以及血液检查。在单蹄和偶蹄动物中，耳背静脉采血是一种可行的方法，只需采集少量血液；对于毛皮动物，可采用耳壳外侧静脉进行微量血液采集。鼠类采血可选择尾尖、耳背静脉或眼窝内血管；兔子则可通过耳背静脉、颈部静脉或心脏采集血液；鸟类采血可选择肘关节内侧翅、跖部内静脉或心脏。

（3）乳汁

在乳汁样品采集前，采集者的手需要提前消毒，且用消毒药水彻底清洗乳房，然后湿润乳房附近的毛，弃去最初挤出的 3 ~ 4 股乳汁，接着再收集大约 10 mL 的乳汁放入灭菌试管中。如果仅用于显微镜下直接染色检测，可以在样本中加入 0.5%的福尔马林液。

（4）淋巴结及内脏组织

在对尸体进行解剖之后，应立刻进行样品采集。在处理淋巴结、肺、肝、脾和肾等病变部位时，应切割 1 ~ 2 cm^3 的小立方体组织，并将其置于无菌容器内。选取时，尽量选取病变与正常组织交接的区域。

（5）胃肠及内容物

可以将胃肠剪下，两端扎紧，迅速送至实验室。或采用高温器具烙烫表面后穿透一小孔，用无菌棉签提取内容物，置于无菌容器内或置于含有无菌生理盐水或 PBS 的试管中。

（6）脑、脊髓

依据病理解剖学方法，提取脑与脊髓样本。随后，将部分样本置于含有 10%福尔马林的容器中，以备组织学检测之用；部分样本被放入含有 50%甘油的生理盐水瓶里，以便进行微生物学的检测。或者直接摘下头部，并用塑料袋子将其包裹好，然后直接送去检验。

（7）胆汁

首先，通过对胆囊表面进行烧烙处理，使用烧红的刀片或铁片使其烧灼。接着，采用经过严格灭菌的细管或注射器插入胆囊，以抽取胆汁。最后，将所抽取的胆汁置于经过灭菌的试管内。

（8）皮肤

采取面积约为 10 cm × 10 cm 的皮肤样本，并将其保存在 30%的甘油缓冲液、10%的饱和盐水或 10%的福尔马林液中。

（9）骨头

当需要保留完整的骨头时，应确保移除所有的肌肉和韧带，并在其表面撒上食盐。接着，将其包裹在浸泡了 5%石炭酸水或 0.1%升汞液的纱布或麻布中，然后送至实验室进行检验。

（10）流产胎儿及小动物尸体

流产的胎儿及小动物尸体需用不透水的塑料膜、油纸或油布进行严密包裹，然后放入木箱，并送至实验室进行研究。

（二）病料的保存

1. 常用保存剂的配制

（1）30%甘油缓冲溶液

纯中性甘油	30 mL
NaCl	0.5 g

碱性磷酸钠	1.0 g
0.02%酚红	1.5 mL
中性蒸馏水加至	100 mL

混合分装后，0.105 MPa 高压灭菌 30 min。

（2）50%甘油缓冲盐水溶液

NaCl	2.5 g
酸性磷酸钠	0.46 g
碱性磷酸钠	10.74 g
纯中性甘油	150 mL
中性蒸馏水	150 mL

混合分装后，0.105 MPa 高压灭菌 30 min。

（3）10%福尔马林溶液

将 10 mL 福尔马林与 90 mL 蒸馏水混合即可。

（4）饱和盐水溶液

首先取一定量的蒸馏水，加入纯净的 NaCl，并持续搅拌直到其无法溶解（通常浓度为 38% ~ 39%），接着使用滤纸进行过滤。

（5）鸡蛋生理盐水溶液

首先，用碘酒对新鲜鸡蛋的表面进行消毒处理。接着，将内容物倒入已经灭菌的三角瓶中，并加入占总量 10%的灭菌盐水。摇匀后，使用无菌纱布进行过滤，并加热至 56 ~ 58 °C，30 min。在第 2 天和第 3 天，按照上述方法再次加热，即可使用了。

2. 常用保存方法

通常，将含有病原体的容器存放在装有冰块的保温瓶或冰箱中进行保存。

（1）液体病料

进行液体病料的抗体检测时，所用的血液不需要添加抗凝剂，在血液凝固之后，将分离出的血清放入青霉素的小瓶里。用于病原体分离和培养的液态病料，应与容器一同存放在装有冰块的保温瓶或 4 °C 的冰箱中。

（2）用于细菌学检测的实质性器官

如果在 1 ~ 2 d 内可以被送至实验室，则可以被存放在装有冰块的保温瓶或冰箱中，或者放入经过灭菌的石蜡液体或 30%的甘油缓冲盐水中。如果没有冰块，也可以在保温瓶里加入 500 g 氯化铵和 1500 mL 水，这样可以确保保温瓶内的温度维持在大约 0 °C，并持续 24 h。

（3）供病毒学检验的实质脏器

应及时送检，若无法立即进行检测而需保存，务必采取低温存储，并在 48 h 内送达实验室。通常将其置于 50%的甘油缓冲盐水溶液或鸡蛋生理盐水溶液中，4 °C 保存。如果需要长时间保存才能进行检验，建议将其存放在 – 20 °C 或更低的温度，或者干冰中。

（4）用于寄生虫检验的粪便样品

以冷藏不冻结状态保存，并及时送检。

（5）病理组织病料

病料采集后，应立即将其置于 10 倍体积的 10%福尔马林溶液或 95% ~ 100%的酒精中。

若采用 10%福尔马林溶液进行组织固定，则每 24 h 需更换新鲜溶液。对于神经系统组织（如脑、脊髓等），需固定于 10%中性福尔马林溶液中（其制备方法是在福尔马林溶液总体积中加入 5%～10%的碳酸镁）。在寒冷季节，为防止病料冻结，可在运送前将已预先固定的病料置于含有 30%～50%甘油的 10%福尔马林溶液中。

（三）病料的送检

用于细菌检测的样本，为了避免其腐败，必须尽快送检。通常可以使用装有冰块的保温瓶或其他低温环境，以防止病料腐烂。由专业人员进行送检，并妥善携带与送检相关的病情、病例和剖检记录，以便为检验人员提供参考资料。

为了防止病原体的传播，装有病原体的容器应确保瓶口紧密封闭，并使用胶带或石蜡进行密封，同时用消毒液对容器表面进行彻底的清洁。瓶子上贴有标签，明确标注样本的来源、种类、储存方式以及收集的时间等信息。为了防止有害物质泄漏，建议将其直接放置在金属筒中，并填充防震填料，如木屑、纸渣、稻草和塑料泡沫的残渣等。

（四）病料的无害化处理

根据《病死及病害动物无害化处理技术规范》，对生病、死猪、死胎和流产物等病料进行无害化处理，并焚烧污染物和排泄物。

对于废弃的病料和实验动物，应根据其潜在的危害程度，采取如销毁、高压杀菌、加入消毒剂等方法来确保其无害化。在实验过程中，通过病料处理、玻片染色等相关步骤产生的废水，应当先进行消毒处理，然后再将其排放到专用的容器或专用的排污通道中，以实现污水的无害化处理。

附：动物检疫实验室生物安全性

一、病原微生物危害程度类别

根据病原微生物的传播能力和感染后对个体或群体的潜在危害程度，国家将其分为四个不同的类别。

一类病原微生物：能够引发人类或动物患上严重疾病的微生物，以及在我国尚未被发现或已宣告消灭的微生物。

二类病原微生物：能够导致人类或动物患严重疾病，且较易在人与人、动物与人、动物与动物之间直接或间接传播的微生物。

三类病原微生物：能够引发人类或动物疾病，但在一般情况下，对人类、动物或环境并未造成严重危害。其传播风险相对较小，实验室感染后很少引发严重疾病。此外，此类微生物具备有效的治疗和预防措施。

四类病原微生物：在一般情况下，不会对人类或动物造成疾病的微生物。

二、病原微生物危害程度评估的主要依据

1. 病原微生物的致病性和感染数量：病原微生物的致病能力越高，所引发的疾病也越为严重，其造成的危害程度也越高，反过来也是如此。高致病性的病原微生物即使在较低的感染量下也可能引发疾病，而随着微生物感染量的升高，其所导致的潜在危险程度亦随之加剧。

2. 病原微生物的传播方式和宿主范围：病原微生物的威胁程度可能受制于诸多因素，包括当地居民现有的免疫水平、宿主群体的密度与流动性、适宜媒介的存在以及环境卫生状况等。

3. 现有具备的有效治疗措施和预防：是否存在治疗该疾病的有效药物，如抗生素、抗病毒药物、化学药物及抗血清等；是否存在专门针对这种传染性疾病的疫苗；在进行疾病监测时，我们还需要考虑该疾病是否存在明显的体征和可信赖的诊断试剂。当检测到潜在的感染风险时，应迅速实施有效的隔离和预防措施。我们还需要评估当地是否具备实施上述有效预防或治疗措施的条件。

4. 病原微生物在环境中的稳定性：这种稳定性主要体现在它们对外部环境的生存能力上。各种微生物在稳定性上存在差异。在评估病原微生物的稳定性时，除关注其在自然环境中的稳定性外，还需重视其对物理及化学消毒剂的敏感反应。

三、病原微生物实验室的分级

病原微生物实验室是指专门从事病原微生物菌（毒）种及样本相关研究、教学、检测和诊断活动的场所。

根据我国实验室病原微生物安全防护水平，以及实验室生物安全国家标准，实验室被划分为四个等级，分别为一级、二级、三级和四级病原微生物实验室。

四、病原生物学实验室工作人员生物安全行为规范要点

1. 在实验室工作区域内，禁止吸烟。

2. 禁止携带食物、饮料等进入实验室工作区内，并且冰箱是不允许储存食物的。

3. 在实验工作区，禁止使用化妆品。

4. 在处理腐蚀性或毒性物质时，务必佩戴安全镜、面罩等眼面部防护装置，确保人身安全。

5. 在进行实验室工作时，应当穿着与工作需求相匹配的衣物，并确保工作服干净、整洁。在特殊情况下，还需佩戴如手套、护目镜等额外的保护装备。个人防护装备需要定期替换以维持其清洁状态，如果发现有危险物品造成严重污染，应立刻进行更换。

6. 在工作区域内，人们应当穿着既舒适又防滑，并能确保整个脚部安全的鞋子。当存在液体溢出的风险时，可以考虑使用一次性的防漏鞋保护套。

7. 留长发的实验人员，严禁披发进入实验室，防止头发与污染物质接触，并防止人体的皮屑掉落到工作区域。

8. 实验室的工作人员在摘下手套、离开实验室之前，应当清洁双手。

9. 所有实验室操作禁止用口移液，应使用助吸器具。

10. 在处理尖锐物品，如针头和碎玻璃时，务必谨慎操作，以防意外伤害手部。

11. 在被标注为“污染区”的区域内，各类物品的外观均被视为不宜接触的。完成实验之后，应该马上彻底清洗双手。污染区内的实验台每天至少需要进行 1 次清洁和消毒，如果需要，还可以进行多次消毒。

12. 对于冰箱、培养箱、水浴锅以及离心机，都应该进行定期的清洁和消毒工作，一旦出现严重的污染情况，应立刻采取清洗和消毒措施。

13. 在清洁区与污染区，个人的防护衣需要分别存放。

14. 每天都应确保至少进行 1 次垃圾清扫。

15. 在实验工作区内，不允许存放个人物品，如钱包和外套等。在实验室环境中，应当装备紧急医疗设备，例如紧急洗眼系统以及酒精和其他消毒产品。

16. 在实验工作区内，废弃物品的存储量不应过大。

第二章 寄生虫的检疫技术

畜禽寄生虫病作为一种严重影响畜禽生产的重要疾病，对我国畜牧业构成巨大威胁。但在进行畜禽检疫的过程中，由于其流行状况往往不是特别剧烈，畜禽的死亡率相对较低或缓慢，因此，某些寄生虫疾病经常被忽视，这导致了这些疾病在长时间和广泛的范围内传播和扩散，从而带来了巨额的经济损失和对公众健康的巨大威胁。尤其在集约化程度高的地区，由于大量使用化学药品及滥用药物，使寄生虫感染呈现出新的特点和趋势，从而影响到畜牧业经济发展。因此，我们必须高度重视并加强对畜禽寄生虫病的检疫工作。在畜禽寄生虫病中，除了少数情况外，大多数病例呈现为慢性病程，病程相对较长，临床表现并不具有明显的特征性。常见的症状包括贫血、体重减轻、腹泻、水肿、营养状况不佳、幼畜生长受限、体质虚弱，以及生产能力下降或产品质量降低等。因此，仅凭一般性的症状是不足以准确诊断某一特定寄生虫疾病的。

对动物寄生虫病进行检疫不只是为了治疗患病的动物，同时也是了解当地寄生虫流行状况的关键途径。随着科学技术的进步和畜牧业生产水平的不断提高，对动物寄生虫病进行科学有效的检疫已成为保障养殖业健康发展和维护公共卫生安全的重要措施之一。常见的寄生虫检测方法涵盖了：对粪便寄生虫检查、血液和分泌物中的寄生虫检查、体表寄生虫检查以及寄生虫动物接种技术以及寄生虫的免疫学检测技术。

任务一 畜禽体内主要寄生虫形态学观察

在对可疑的病畜和病禽进行诊断时，首先需要基于流行病学的数据分析和临床症状的初步诊断，然后通过病原学的检测来确定寄生虫的卵、卵囊、孢囊、幼虫以及它们的片段，这样才能做出确切的诊断。因此认识、了解畜禽体内主要寄生虫形态特征对诊断寄生虫病尤为重要。

一、目的要求

（1）认识畜禽体内常见寄生虫的基本形态特征，并掌握其鉴别依据。

（2）掌握常见体内寄生虫的寄生部位，了解其对畜禽健康的危害方式。

（3）掌握光学显微镜的使用方法。

二、仪器材料

光学显微镜、擦镜纸、相关体内寄生虫的浸渍标本以及制片、标本参照挂图、投影仪等。

三、实验内容

（一）畜禽体内常见线虫的形态学观察

1. 食道口线虫

食道口线虫主要寄生在反刍类家畜和猪的大肠内，尤其是结肠。虽然虫体的致病能力相对较弱，但在严重感染的情况下，有可能导致结肠炎的发生。某些食道口线虫的幼虫具备在其寄生部位的肠壁上生成结节的特性，因此被称为结节虫。食道口属线虫的显著特点包括：其口囊是小而浅的圆筒状，外围有一个显眼的口领，而口孔的周围则有 1 ~ 2 圈叶冠。颈部的沟槽位于腹部，而颈部的乳突则位于食道或稍后的虫体两侧。雄性昆虫的交合伞相当发达，拥有一对长度相等的交合刺。雌性昆虫的阴门位置在肛门前面不远的地方，其排卵器非常发达，呈肾形，如图 2-1 所示。

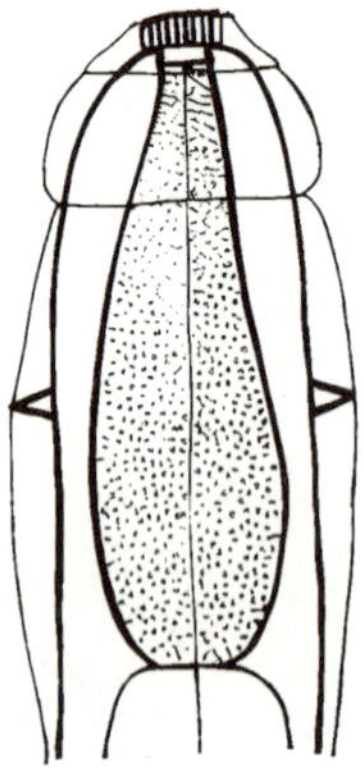

图 2-1　食道口线虫头前部构造图

虫卵形态呈椭圆形，卵细胞界限较明显，一端有空隙，大小为（73 ~ 89）μm ×（34 ~ 45）μm。

2. 旋毛虫

旋毛虫属毛首目毛形科毛形属。成虫寄生于宿主小肠中，叫肠旋毛虫；幼虫寄生于宿主的横纹肌中，叫肌旋毛虫。肠旋毛虫是一种很小的线虫，虫体前部较细，后部稍粗。雌虫长 3 ~ 4 mm，生殖器官为单管形，阴门位于食道的中部附近，肛门开口于虫体的后端，胎生。雌虫长 1.4 ~ 1.6 mm。体后端有一对大的、指向腹侧的、呈耳状悬垂的交配叶，其内侧还有 2 对小的乳突。肌旋毛虫在肌纤维间卷曲呈螺旋状，被周围逐渐形成的囊包所包裹（图 2-2）。

(a) 雌性肠旋毛虫

(b) 雄性肠旋毛虫

(c) 肌旋毛虫寄生状态

图 2-2　旋毛虫

3. 猪蛔虫

猪蛔虫属蛔目蛔科蛔属。寄生于猪的小肠中。新鲜虫体呈粉红稍带黄白色，形似蚯蚓，为近似圆柱状的大型寄生虫线虫。体表面除角质层有横纹肌外，尚有四条纵线，两侧的较粗易见，背腹的较细，口孔周围有三片唇，背唇较大，两侧腹唇较小，唇缘上密布小齿，消化道为一纵管，口孔向下为咽，咽为一个三角形小管，向后通入食道，连肠管，达虫体后部泄殖腔（雄）或肛门（雌）。

雄虫大小为（120～150）mm×3 mm。尾端呈圆锥形，向腹侧弯曲，尾端腹面有很多小乳突。生殖器的主要部分是一个盘曲的线状睾丸。有交合刺一对，较粗，等长。雄虫大小为（300～350）mm×（5～6）mm，尾端直。生殖器有两个卷曲的线状卵巢。阴门开口于体前 1/3 的腹面。

蛔虫虫卵形态呈椭圆形，卵壳由四层膜组成，最外层为凹凸不平的蛋白膜，经粪便排出外界的卵为黄色，大小为（56～87）μm×（46～57）μm，内含一个卵细胞。粪便中可能遇到没有受精的卵，其形状往往不规则，壳薄，蛋白膜不明显，内部结构分散（图 2-3）。

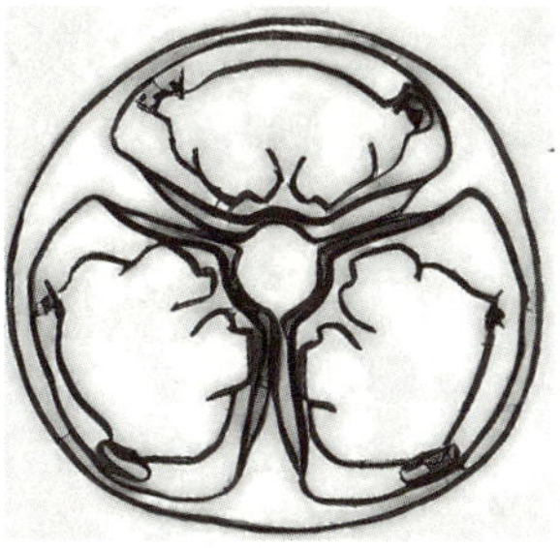
(a) 头顶面观

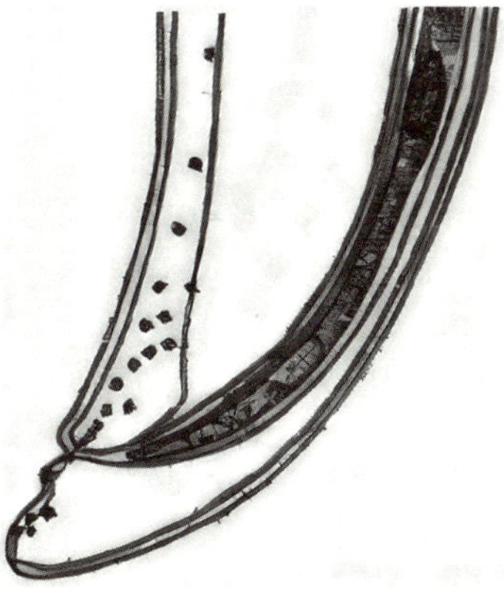
(b) 雄虫尾部

(c) 虫卵

图 2-3　猪蛔虫

（二）畜禽体内常见吸虫的形态学观察

1. 中华双腔吸虫

中华双腔吸虫属于吸虫纲双腔科双腔属。成虫寄生于反刍动物的胆管中。新鲜虫体为棕红色，固定后变为灰色。虫体扁平、半透明，外形呈柳叶状，大小为（3.54 ~ 8.96）mm ×（2.03 ~ 3.09）mm，雌雄同体。最宽部位为体前 1/3，腹吸盘大小相近或稍小于吸盘，消化道有口、咽、食道和两根分支的盲肠，盲肠末端伸达近虫体后端。虫卵呈椭圆形，成熟的卵为暗褐色，卵壳厚。两侧不对称，一端有卵盖，内含有成熟的毛蚴，大小为（38 ~ 51）μm ×（21 ~ 30）μm。

矛形双腔吸虫形态构造和中华双腔吸虫相似，主要区别在于矛形双腔吸虫虫体为前尖后钝窄长的矛形，大小为（5 ~ 15）mm ×（1.5 ~ 2.5）mm，睾丸的位置不是左右横列，而是前后排列（图 2-4）。

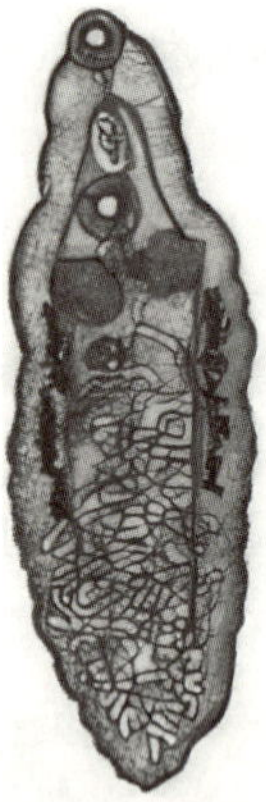

（a）中华双腔吸虫

（b）矛形双腔吸虫

图 2-4　双腔吸虫成虫

2. 肝片吸虫

肝片吸虫属片形科片形属。成虫主要寄生在山羊、绵羊、牛以及其他反刍兽的胆管内，有时也寄生于兔、马、犬、猪和人。中间宿主为淡水螺蛳。肝片吸虫是雌雄同体，虫体扁平叶状，长 20 ~ 25 mm，宽 8 ~ 13 mm。

新鲜虫体呈淡红色，固定后为灰白色。前端呈锥状突出，叫作头锥。两边宽平的部分为肩，口吸盘位于头锥顶端，腹吸盘位于口吸盘的后肩的水平线上。在两吸盘之间有一较小的生殖孔。肝片吸虫的虫卵尺寸较大，平均为（115 ~ 150）μm ×（70 ~ 82）μm，卵呈椭圆形，颜色介于淡黄色与黄褐色之间。虫卵的一端设有卵盖，内部包含一个胚细胞及众多卵细胞，占据整个卵腔空间（图 2-5）。

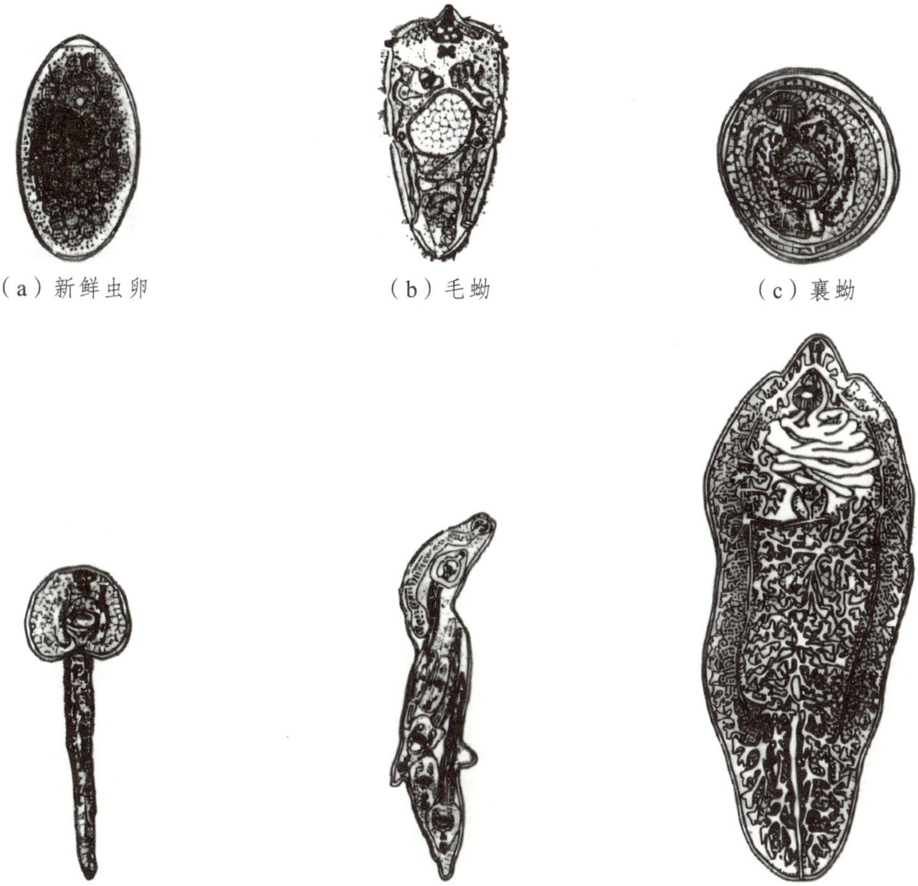

（a）新鲜虫卵　（b）毛蚴　（c）襄蚴

（d）尾蚴　（e）子雷蚴　（f）成虫

图 2-5　肝片吸虫

（三）畜禽体内常见绦虫的形态学观察

1. 猪囊尾蚴

猪囊尾蚴属带科带属，主要寄生在猪的肌肉组织及其他器官中。其成虫为猪带绦虫（又称有钩绦虫），寄生在人体小肠内。幼虫呈白色半透明的囊泡状，大小如黄豆，尺寸在（10～15）mm×（6～10）mm。囊泡内含有液体，囊壁上附有一个乳白色的头节。头节上有四个吸盘，顶部具有突起，其上分布有两圈小钩。成虫呈白色带状，全长 2～4 m，包含 700～1000 个节片。虫体可分为头节、颈部和节片三个部分。头节呈圆球形，直径约 1 mm，前端中央为顶突，顶突上有 25～50 个小钩，大小相间或内外两圈排列，顶突下方有四个圆形吸盘，这些均为适应寄生生活的附着器官。生活状态下的绦虫以吸盘和小钩附着于肠黏膜。头节之后为颈部，颈部纤细，不分节片，与头节间无明显界限，能持续不断地以横分裂方式产生节片，因此也是绦虫的生长区。虫卵呈圆形或近似圆形，卵壳厚实、棕褐色，具有放射状条纹，内含六钩蚴（图 2-6）。

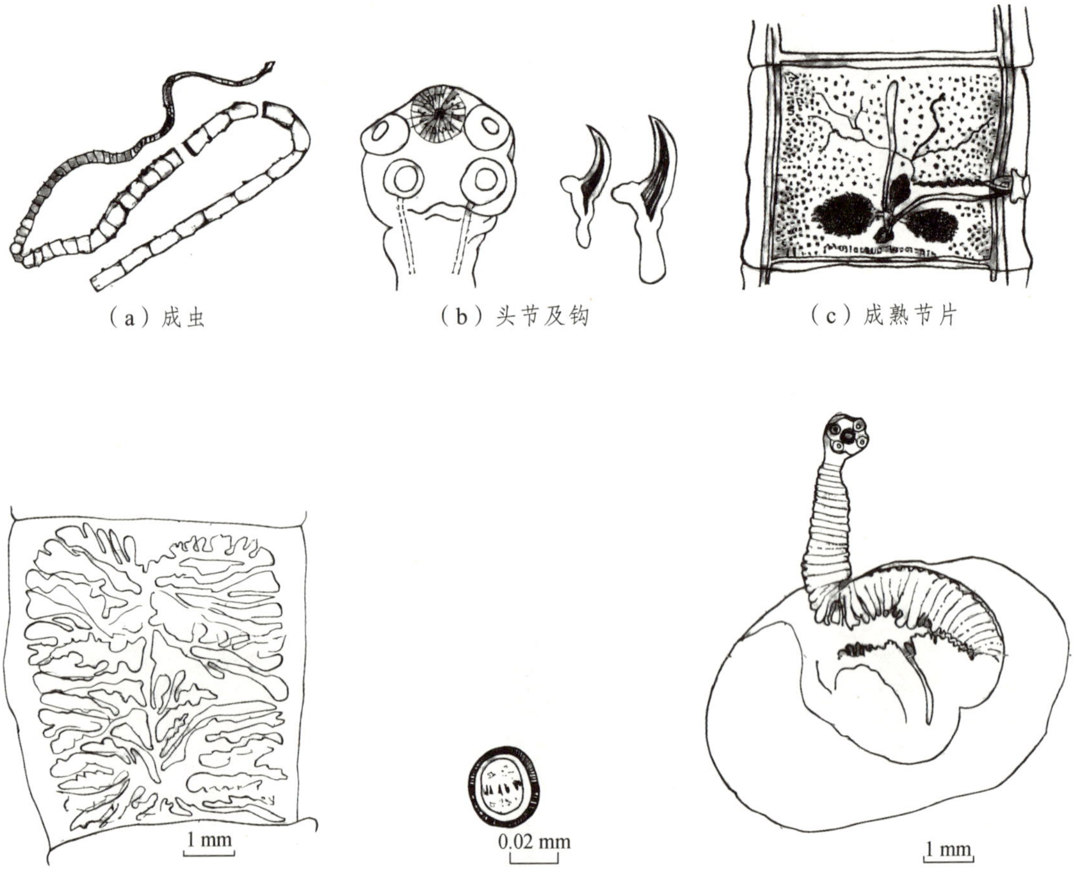

（a）成虫　（b）头节及钩　（c）成熟节片

（d）孕节　（e）卵　（f）囊尾蚴（头节已伸出）

图 2-6　猪带绦虫

2. 莫尼茨绦虫

莫尼茨绦虫属于绦虫纲圆叶目裸头科莫尼茨属。成虫类寄生于反刍家畜的小肠内，主要侵害羔羊和犊牛。在我国，常见的莫尼茨绦虫主要有两种：扩展莫尼茨绦虫和贝氏莫尼茨绦虫。这两种绦虫的外观极为相似，头节较小，近似球形，表面附有 4 个吸盘，无顶突和小钩。

体节宽而短，成节内有 2 套生殖器官，生殖孔开在节片的两侧。子宫呈网状。卵巢和卵黄腺在节片两侧构成花环状。睾丸具有数百个，分布在整个虫体体节内。扩展莫尼茨绦虫长可达 10 m，呈乳白色带状，分节明显；节间腺为一列小圆囊状物，沿节片后缘分布；虫卵近似三角形。贝氏莫尼茨绦虫呈黄白色，长可达 4 m；节间腺呈带状；虫卵一般为三角形、方形或圆形，位于节片后缘的中央虫卵为四角形，直径 50～60 μm，呈灰色，卵内有六钩蚴和梨形器（图 2-7）。

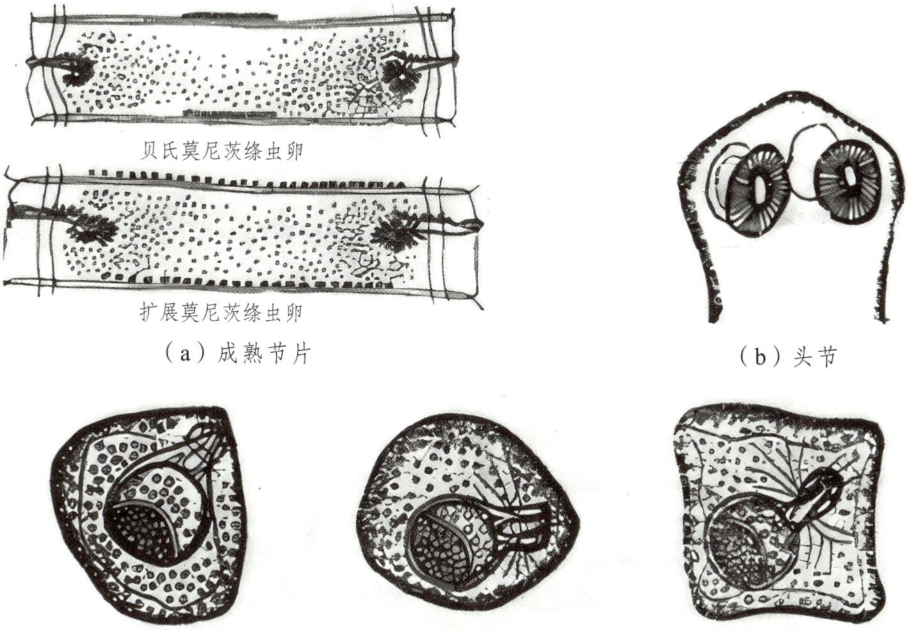

（a）成熟节片

（b）头节

扩展莫尼茨绦虫卵　扩展莫尼茨绦虫卵　贝氏莫尼茨绦虫卵

（c）虫卵

图 2-7　莫尼茨绦虫

（四）畜禽体内常见原虫的形态学观察

1. 巴贝斯梨形虫

巴贝斯梨形虫属于孢子虫纲梨形虫亚纲梨形虫目巴贝斯科巴贝斯属。常见的有以下几种：

（1）驽巴贝斯梨形虫

寄生于马属动物红细胞内。属于大型虫体，有椭圆形和环形，其大小为 2.13 ~ 2.84 μm，梨籽形虫体占绝大多数，其大小为 2.28 ~ 4.25 μm。本病原典型的虫体是成对的梨籽形虫体，以尖端相连成锐角，其长度超过红细胞半径。虫体内有两个染色质团，位于虫体的两端，梨籽形和圆形虫体之比为 1∶0.73，在一个红细胞内可能有 1 ~ 4 个虫体。其传播者为矩头蜱属的多种蜱（图 2-8）。

（2）马巴贝斯梨形虫

寄生于马属动物红细胞内，为小型虫体。虫体大小不一致，但长度不超过红细胞半径。虫体在红细胞中虽然有环形、圆形、梨籽形、椭圆形、棒形、边虫形以及十字形等，该种梨形虫的典型虫体是以 4 个梨籽形虫体以其尖端连成十字形（图 2-9）。

（3）牛双芽巴贝斯梨形虫

寄生于牛红细胞内。与牛其他梨形虫相比，该虫是一种大型虫体，有环形、椭圆形、圆形、梨籽形等。绝大多数虫体位于红细胞中央，虫体原生质呈浅蓝色，边缘较深，中部淡染或不着色，呈空泡状的无色区。梨籽形虫体大于红细胞半径，成对的梨籽形虫体以其尖端相连成锐角为本病原体的特征性虫体，病原的传播者为微小牛蜱（图 2-10）。

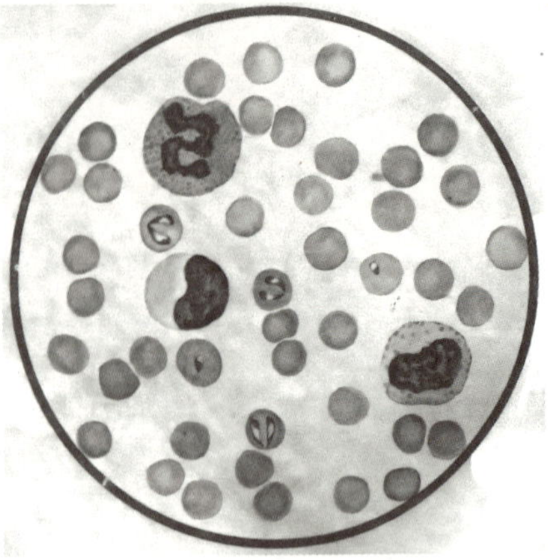

图 2-8　驽巴贝斯梨形虫

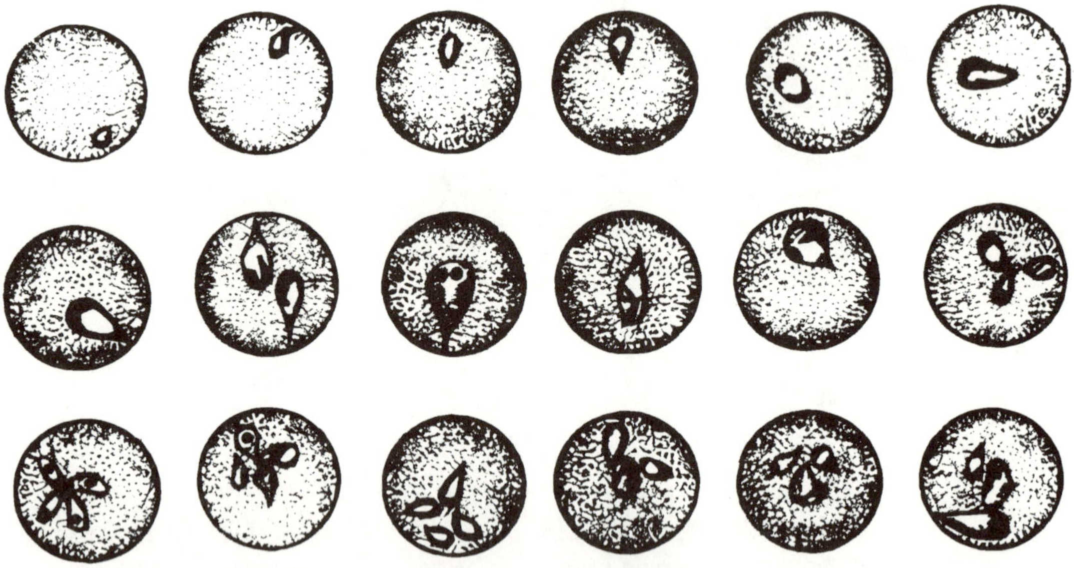

图 2-9　马巴贝斯虫

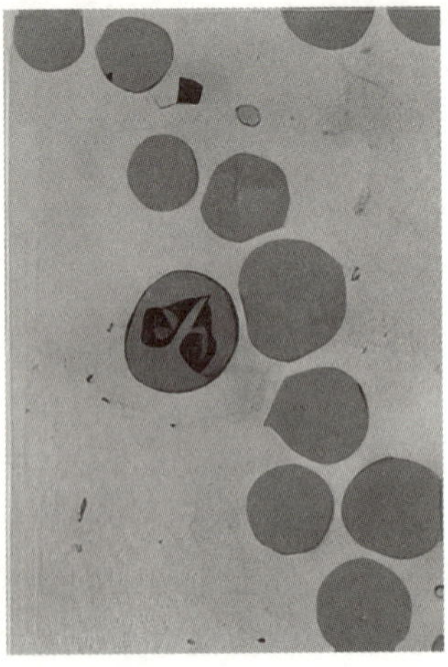

图 2-10　牛双芽巴贝斯虫

（4）牛巴贝斯梨形虫

寄生于牛红细胞内。是一种小型虫体，呈梨籽形、环形、椭圆形、边虫形等，多居于红细胞边缘。虫体小于红细胞半径，以瘦长的梨籽形虫体以尖端相连成钝角为特征。具有一团染色质，病原的传播为蓖子硬蜱和全沟硬蜱等（图 2-11）。

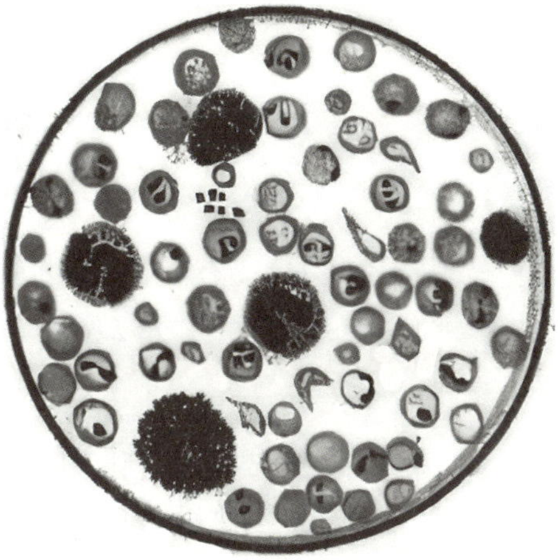

图 2-11　牛巴贝斯虫

2. 鸡球虫

鸡球虫的病原为艾美尔科艾美尔属的球虫。其卵囊内可发育形成 4 个孢子囊，每个孢子囊内有 2 个子孢子（图 2-12）。

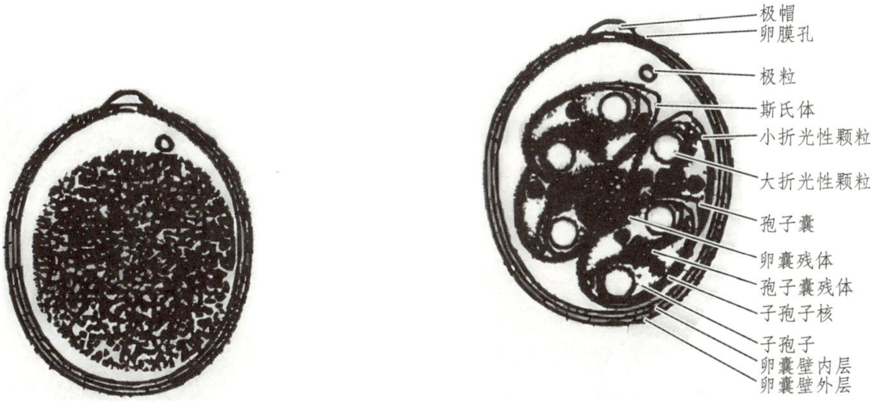

（a）未孢子化卵囊　　（b）孢子化卵囊

图 2-12　艾美尔球虫卵囊

随宿主粪便排出的卵囊，内含一球状原生质团块。卵囊的一端可能有卵膜孔或极帽。在外界适宜的条件下，卵囊内的原生质内含物可发育为 4 个孢子囊，每个孢子囊内形成 2 个子孢子，至此进入感染阶段（图 2-13）。

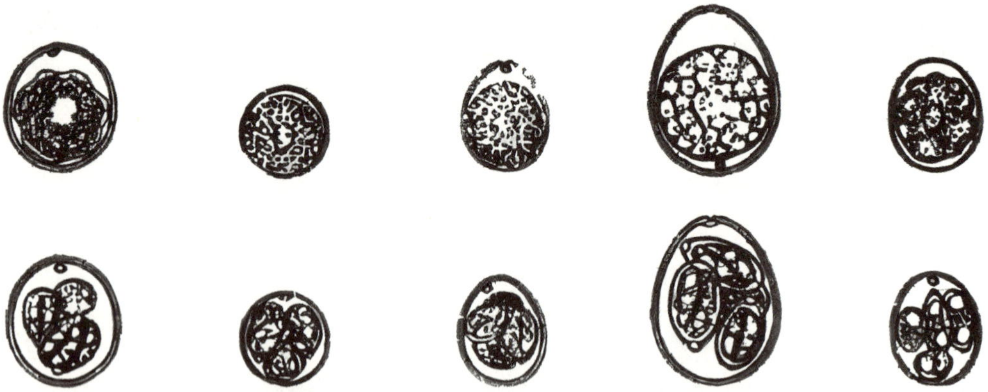

（a）脆弱艾美尔球虫（b）和缓艾美尔球虫（c）堆形艾美尔球虫（d）巨型艾美尔球虫（e）毒害艾美尔球虫

图 2-13　鸡的几种艾美尔球虫卵囊

3. 弓形虫

弓形虫属于孢子虫纲真球虫目肉包子虫科弓形虫亚科弓形虫属。寄生于各种家畜（猪、牛、山羊、绵阳、狗、猫）和小白鼠等实验小动物以及人体内。弓形虫为细胞内寄生虫。根据它在不同的发育阶段所表现的形态，分为 5 种类型：速殖子和包囊出现在宿主体内；裂殖体、配子体和卵囊出现在终末宿主体内。速殖子和慢殖子可合称为滋养体（图 2-14）。

（a）速殖子

（b）包囊

（c）未孢子化卵囊

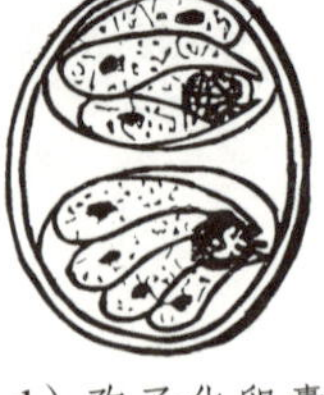

（d）孢子化卵囊

图 2-14　弓形虫

（1）速殖子：主要出现在急性病例。形态呈新月状、梨蕉状或弓形，大小为（4 ~ 7）μm

×（2～4）μm，一端稍尖，一端钝圆。速殖子在腹水中常见到游离的单个虫体，在有核的细胞（单核细胞、内皮细胞、淋巴细胞等）内，还可见到正在繁殖中的虫体，它们的形态有柠檬状、圆状、卵圆状等。

（2）包囊主要出现在慢性病例和无症状病例。多寄生在脑、肌肉、心、肝、肾等实质细胞中。形态呈圆形或者卵圆形。具有较厚的囊膜，囊中充满慢殖子（形态与速殖子相似），其数目可多达 50 个甚至更多，包囊大小直径约为（50～100）μm。

（3）卵囊：出现在猫粪中，卵圆形，表面光滑，有双层囊壁，大小平均为 10 μm×12 μm。发育时形成两个孢子囊，每个孢子囊内有 4 个子孢子，有残体。

四、注意事项

（1）病料采集时，应做好安全防护，谨防散步病原。

（2）在使用显微镜进行观察时，首先应在低倍镜下搜寻目标，将其移至视野中央后，再切换至高倍镜以观察其微观结构。

（3）实验后应将污染的标本和玻片清理干净后放回指定的地方。

任务二

蜱螨形态学观察

蜱和螨是属于节肢动物门的寄生虫，可通过叮咬和骚扰动物，发生红肿、痛痒，引起皮肤炎；吸取寄主的血液、组织液，或者咬食畜、禽和其他经济动物的毛发而夺取宿主营养；此外，它还可能导致特定的寄生虫疾病，给家畜、家禽和经济动物带来了极大的伤害。认识、了解蜱和螨的主要种类的形态特征，对及时诊断该疾病具有重要作用。

一、目的要求

（1）认识常见蜱螨的基本形态特征，并掌握鉴别依据及其病料的采集方法。

（2）掌握常见体表寄生虫的寄生部位，了解其对畜禽健康的危害方式。

二、仪器材料

各种蜱螨的浸渍标本及制片标本、形态结构挂图、手术刀、放大镜、显微镜、小瓷盘、载玻片、盖玻片、擦镜纸、滴管、50%甘油溶液、5%或 10%福尔马林、布勒氏液（Bless 液）等。

三、实验内容

（一）蜱、螨的采集

1. 禽畜体上蜱、螨的采集

（1）禽畜体上蜱的采集

在家禽和家畜的体表上，蜱虫是一种常见的寄生生物，由于蜱虫体积较大，仅需用裸眼就能观察到。在进行检查后，可以使用手或小镊子进行捏取，或者剪下带有虫体的羽毛或毛发，放入培养皿中，然后再收集。由于虫体多呈半透明状，故需进行特殊处理后才能使用。寄生在动物体内的蜱虫，经常会把假头深深地刺入皮肤。如果不小心摘下，它们的口器可能会断裂并留在皮肤里，这不仅会导致标本不完整，而且留在皮肤下的假头还可能触发局部的炎症反应。因此，对这类病例应采用手术方法拔除，以免感染其他动物。在执行拔除操作时，务必确保虫体与皮肤保持垂直，随后缓慢地拔出假头。若需使用化学品，可将煤油、乙醚或氯仿涂抹在蜱虫及被咬部位，再进行拔除。

（2）禽畜体上螨的采集

① 疥螨、痒螨的刮取与观察

螨虫体积相对较小，捕获其虫体或卵的过程通常需刮取皮屑，并在显微镜下进行观察。首先，对患病的动物进行全面的身体检查，识别出所有可能的患病部位。随后，于新生与健康组织交界处，修剪多余毛发，紧接着运用锐匙或外科手术刀刮取表皮病变物质。使用的工具在酒精灯上进行消毒，然后与皮肤表面垂直，多次刮除表皮，直到出现轻微的出血。收集刮除的病状物质到培养皿或其他相关容器中，并在取样位置使用碘酒进行消毒处理。

当在户外工作时，为防止风吹散刮去的皮屑，刮刀时可以涂抹甘油或甘油和水的混合物。这种方式可以让皮屑附着在刀具上。收集刮取的病状物料，并将其放入容器中，以便进行后续的检查和样本制备。

a. 直接检查法

将刮下的物品放置在黑色纸张或带有黑色背景的容器中，随后，将其置于温箱（30～40 ℃）或接受白炽灯照射一段时间，搜集从皮屑中出现的黄白色、针尖大小的点状物，并在显微镜下进行观察。此方法尤为适用于体型较大的螨类，如痒螨。在进行水牛痒螨检查时，可将水牛引导至阳光下，剥离类似“油漆起爆”的痂皮，进而观察到淡黄色和白色的麸皮状痒螨缓慢爬行。还可以将刮来的皮屑握在手中，很快就会感受到虫子在爬行。

b. 显微镜下直接检查法

将刮取的皮屑置于载玻片上，随后滴加 50%的甘油溶液，接着覆盖另一张载玻片。通过搓压玻璃片以实现病料的分散，并在显微镜下进行观察。

c. 虫体浓集法

为了在较多的病料中，检出其中较少的虫体，可采用浓集法提高检出率。先取较多的病料，置于试管中，加入 10%氢氧化钠溶液。浸泡过夜（如急需检查可在酒精灯上煮数分钟），使皮屑溶解，虫体自皮屑中分离出来。而后待其自然沉淀（或以 2000 r/min 的速度离心沉淀 5 min），虫体即沉于管底，弃去上层液，吸取沉渣镜检。

d. 温水检查法

将病料样品浸泡在 40 ~ 45 °C 的温水中，然后在恒温箱里放置 1 ~ 2 h，之后将其倾斜到表面的玻璃上，并在显微镜下进行解剖检查。在温热的作用下，活螨从皮屑中爬出，聚集成团，最后沉入水底。

② 蠕形螨的检查

蠕形螨居于哺乳动物的毛囊内，在进行相关检查时，需对动物的四肢外侧、腹部两侧、背部、眼眶周围、颊部和鼻部皮肤进行触诊，以确定是否存在类似砂粒或黄豆大小的结节。如果观察到有脓性分泌物或淡黄色的干酪状团块，可以使用小刀进行切割和挤压。然后，将这些液体挑到载片上，并滴入 1 ~ 2 滴生理盐水，均匀地涂成薄片。最后，在显微镜下对其进行详细观察。

2. 周围环境中蜱、螨的采集

（1）畜舍地面和墙缝内蜱、螨的采集

在牛舍的墙边或者墙缝里，即可发现璃眼蜱。在鸡的巢穴内的栖架上，可以发现软蜱和刺皮螨的存在。

（2）牧地上蜱的收集

使用一块白绒布制成的旗帜，其长度为 45 ~ 100 cm，宽度为 25 ~ 100 cm，一面插入木棍，并在木棍的两端绑上长绳，方便拖动。将这面旗帜在草地或灌木之间拖曳，这样草地或灌木上的蜱虫就会附着在旗帜的表面上。仔细检查后，将其放入小瓶中进行收集。

（二）蜱螨的固定与保存

对于动物体表或外部环境中采集到的蜱螨类，可以采用以下方式进行固定和保存。

1. 湿固定

使用液体来固定蜱和螨可以使样本维持其原始状态，这对于教学和科学研究非常重要。为了防止蜱虫的假头意外脱落，应当谨慎地从其体表或拖网上将其摘下。首先，应将蜱虫放入沸水中几分钟，使其肢体保持伸直状态，这样便于后期的观察和研究。将其储存在 70%的酒精中，为了避免酒精的蒸发导致蜱虫的四肢变得脆弱，可以加入几滴甘油。可以先将蜱螨类放入加热后的 70%的酒精（60 ~ 70 °C）中进行固定，然后在 1 d 后将其储存在 5%的甘油酒精（70%）里，也可以采用 5% ~ 10%的福尔马林和布勒氏溶液[福尔马林原液 7 mL，酒精（70%）90 mL，冰醋酸（在使用前加入）3 ~ 5 mL 混合配制]来固定保存。为了确保标本的完整性，所固定的液体体积必须超过其体积的 10 倍或更多。这样保存下来的蜱螨样本可以随时进行观察。如果要制作切片样本，使用布勒氏固定液是最佳选择。

所有的保存样本都必须详细地记录下样本的名称、宿主、采集的地方、采集的日期以及采集者的名字。将标签用铅笔书写并放入瓶中，而用于保存样本的瓶子则需要用蜡进行密封。

2. 湿封法

螨螨类的样本一般不会进行染色处理，也不会进行全面脱水，而是可以通过湿封法来制作标本。对采集到的标本要认真观察其形态特征，并将它们分类放置于干燥通风处备用。首先，将新鲜收集的病料均匀地散布在玻璃上，形成一层薄层，并在病料的四周涂抹少量的凡士林，以防止虫体爬散。为了加强螨类的活动，可以稍微加热玻璃，然后使用低倍镜进行观察。如果发现虫体在绒毛和皮屑之间爬行，应立即使用分离针尖挑出单独的虫体，并将其放置在预先准备好的载玻片上，上面有一滴布勒氏液。随后，将载玻片移至显微镜下，确定其所需的背面或腹面，覆盖一张 1/4 大小的小盖片，接着用分离针尖轻压小盖片，并进行圆圈状运动，尽量使其肢体保持伸直状态。若观察不到任何形态特征，就可以直接取下来做进一步鉴定。等待大约一周的自然干燥后，在小覆盖片上再盖上普通的覆盖片，并使用加拿大胶进行密封，这样就得到了可以永久保存的样本。

（三）蜱螨的鉴定分类

蜱与螨的分类鉴定依赖于其外部形态结构。观察过程可借助解剖镜或低倍显微镜直接进行，亦可将样本制作成永久装片标本以供研究。各种蜱螨的形态和结构特点可以参考本章附件部分。

四、注意事项

（1）蜱螨都是雌雄异体的，特别是在蜱中，雌虫和雄虫的体型有很大的差异。雌虫的体型通常比雄虫要大得多。如果不加以注意，收集到的通常是体型较大的雌虫，而雄虫可能会被忽略。然而，雄虫在虫体鉴定中起到了关键作用，缺乏雄虫可能会给种类鉴定带来困难。

（2）如果采集到的虫体饱食了大量血液，那么在采集后需要先保存一段时间，等待体内吸取的血液被消化和吸收，然后再进行固定，否则血液会在消化道内凝结，不易溶解，制片后会变得不透明。

（3）蜱虫在春夏两季更为活跃，而螨虫则在冬天更为活跃。硬蜱主要在日间寻找寄主进行吸血，而软蜱则更倾向于在夜晚进行吸血。蜱螨在选择寄生部位时也表现出一定的偏好，它们主要寄生在宿主皮肤柔软且毛发稀少的区域。根据蜱螨的发育规律和生活习性，确定采集虫体的时间和部位。

（4）在采集虫体和病料的过程中，必须严格防止病原扩散。

附：蜱和螨的一般形态特征

一、硬蜱的一般形态特征

硬蜱属于蜘蛛纲蜱螨目蜱亚目蜱总科硬蜱科，营体外寄生生活，大多数寄生于哺乳类，有些则寄生于鸟类、两栖类（蛙、龟）甚至软体类等。

（一）硬蜱的一般构造

硬蜱的身体不分节；头、胸、腹三部分融合为一，但按功能和位置分成假头和躯体。假头是由口器和假头基构成。

1. 假头基

其形状随蜱属不同而异，有六角形、矩形和三角形等。雌蜱的假头基背面有多孔区，呈圆形或近似三角形，雄蜱没有多孔区（图 2-15）。

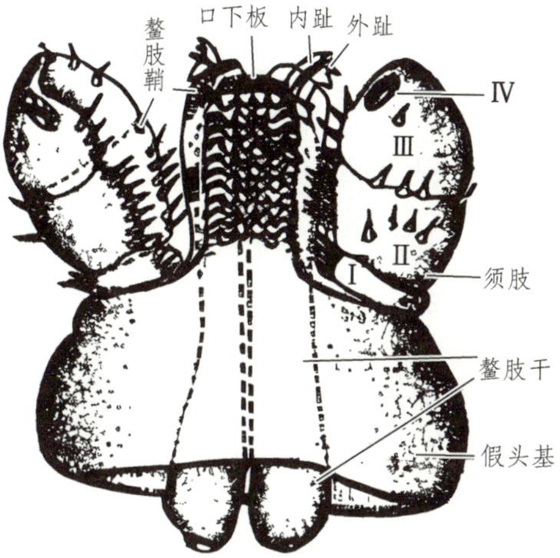

图 2-15　硬蜱假头构造（腹面）

2. 口　器

口器由以下几个部分组成：

（1）脚须（须肢）：一对，在假头基部前方两侧，由四节组成，第一节一般很粗糙；第二、三节最长；第四节很短小，位于第三节腹面的凹陷内；在鉴别上有意义的是第二、三节的宽度脚须内侧沟槽中包含着螯肢与口下板。

（2）螯肢：一对，位于两脚须之间，呈长杆状。螯肢外包有鞘，鞘上有刺；螯肢远端为爪状指。

（3）门下板：一个，位于螯肢的腹侧，呈一扁的压舌板状。上有倒齿，齿列和齿数随蜱种而不同。

3. 盾　板

盾板是躯体部背面的几丁质增厚部分，仅覆盖背面前方的一部分。雄虫的盾板覆盖整个背面；雌虫的盾板小，只覆盖虫体背面前部的较小部分。

4. 眼

或有或无，有则位于盾板前部的两侧边缘上，约在第二对足基部水平线两端附近，呈小而半透明的圆形隆起。

5. 花　缘

有或无，在盾板或躯体的后缘，由许多沟纹构成的若干长方形格叶，又称缘饰或缘垛。

6. 足

位于躯体腹面，成虫四对足。由六节组成，分基节、转节、股节、胫节、前跗节（或叫后跗节）和跗节，末端有爪和爪垫。

7. 生殖孔

位置相当于第二对足基部水平线腹面的中央，有的稍偏后。

8. 肛　门

位于腹面后 1/3 范围内中央处，常有肛沟。

9. 气门板

位于第四对足基部的后侧上方不远处，左右各一个。形态、构造随蜱的性别、种类不同而异。

10. 哈氏器

位于第一对足的跗节近端部的背缘上，呈泡腔状，为嗅觉器官。

11. 板及沟

在硬蜱属的雄蜱腹面有生殖前板、中板、肛板、肛侧板和后侧板；另外一些属的蜱有肛侧板和副肛侧板；有的属没有这些构造。腹面下的沟，通常有生殖沟、肛沟和肛后中沟等（图 2-16）。

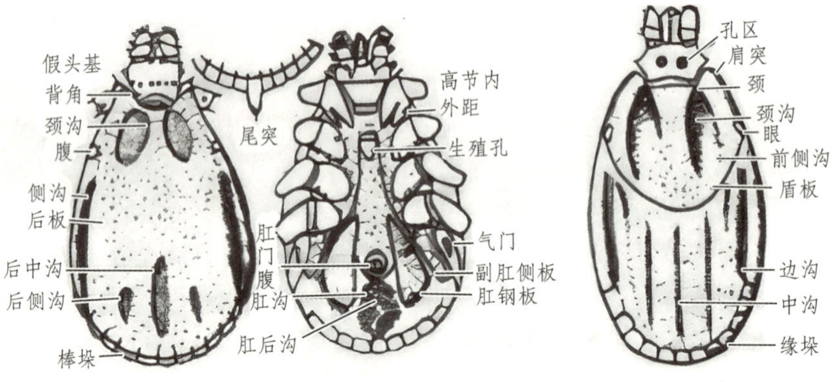

（a）雄虫背面　（b）雄虫腹面　（c）雌虫背面

（d）硬蜱腹面电镜扫描

图 2-16　硬蜱外部结构

（二）硬蜱科常见各属的鉴定方法

我国已发现的硬蜱有 100 余种，共分 9 属：牛蜱属，也叫方头蜱属；硬蜱属；扇头蜱属；血蜱属，也叫盲蜱属；璃眼蜱属；革蜱属，也叫矩头蜱属；花蜱属；盲花蜱属；异扇蜱属。前 6 属与兽医关系较为密切，由于未饱血的雄蜱较易观察，可根据盾板的大小选择雄蜱进行鉴定。前 7 个属的简易鉴定方法按下述步骤进行（图 2-17、图 2-18）。

第一步：观察肛门周围有无肛沟。如无肛沟又无缘垛，可鉴定为牛蜱属。如有肛沟则继续观察。

第二步：观察肛沟位置。如肛沟围绕肛门前方则为硬蜱属。如肛沟围绕肛门后方则继续观察。

第三步：观察假头基形状。如假头基呈六角形（扇形），且有缘垛，则为扇头蜱属。如假头基呈四方形、梯形等，则继续观察。

第四步：观察须肢的长短与形状。如须肢宽短，第二节外缘显著地向外侧突出形成角突，且无眼，则为血蜱属（个别种类须肢第二节不向外侧突出）。如须肢不呈上述形状，则继续观察。

第五步：观察盾板是单一色还是有花纹，眼是否明显。如盾板为单色，眼大呈半球形，镶嵌在眼眶内，且须肢窄长，则为璃眼蜱属。如盾板有色斑，则继续观察。

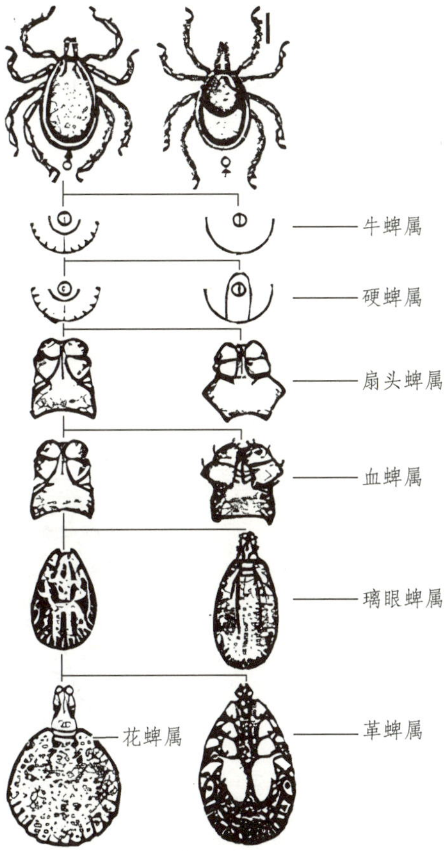

图 2-17　常见硬蜱科各属简易鉴定图示

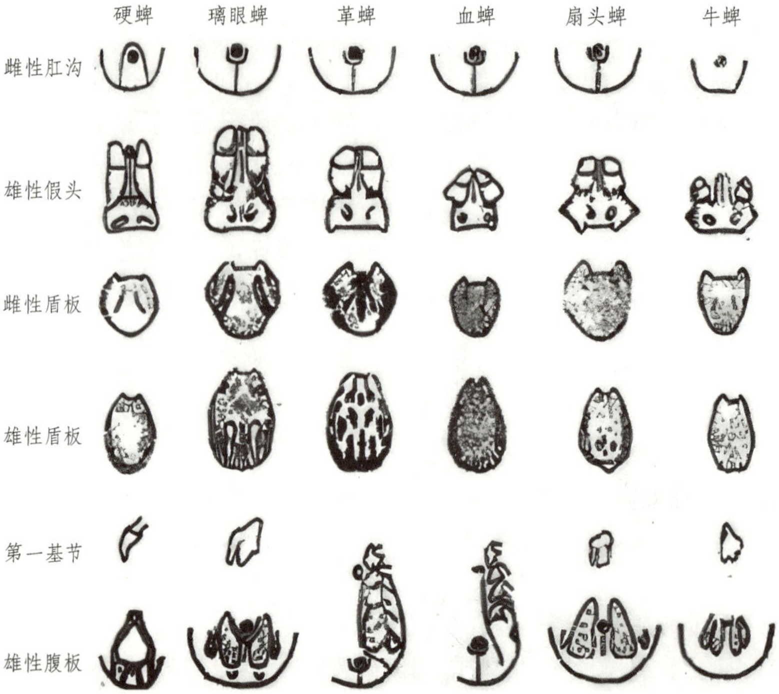

图 2-18　常见硬蜱科 6 个属两性形态特征比较

第六步：如见盾板有银白色珐琅斑，腹面Ⅱ～Ⅳ基节渐次增大，尤其雄蜱第Ⅳ基节特别大，则为革蜱属。

第七步：如见盾板也有色斑（少数种类无），体形较宽，呈宽卵圆形或亚圆形；须肢窄长，尤其第二节显著长，则为花蜱属（如无眼则为盲花蜱属，寄生于爬虫类）。

二、软蜱的一般形态特征

软蜱属于软蜱科，是畜禽体表的一类外寄生虫（图 2-19）。

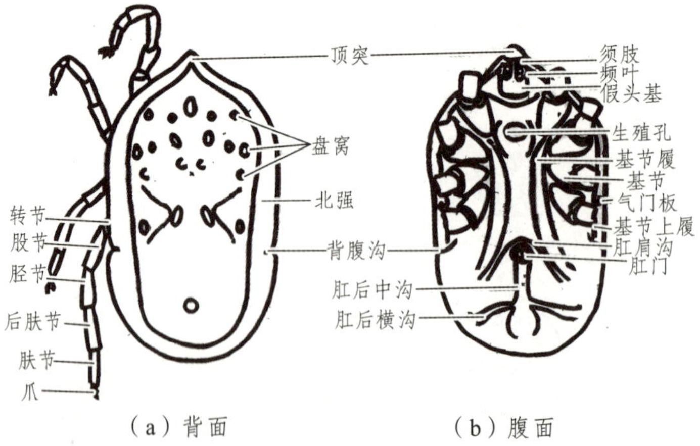

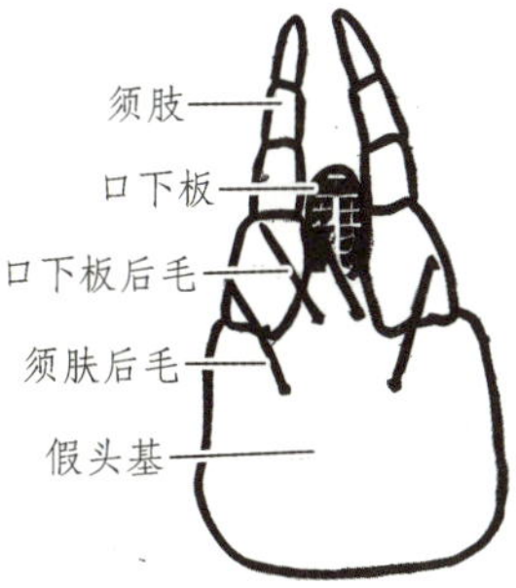

（c）假头

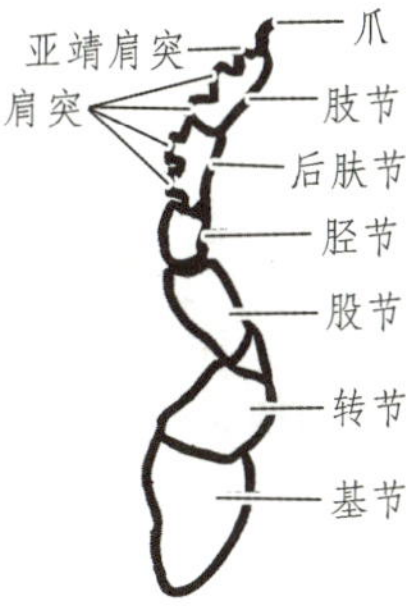

（e）足

图 2-19　软蜱形态

成虫形态特征：体扁平，呈长椭圆形，淡灰色或淡褐色。雌雄形态相似，吸血后迅速膨胀。最显著的特征并与硬蜱的主要区别是：躯体背面无盾板，是有弹性的革状外皮构成；假头位于虫体前端的腹面；须肢是游离的（不紧贴于螯肢和口下板两侧），末数节常向后下方弯曲，末节不隐缩；腹面无几丁质板。

与兽医关系密切的有两属，这两属的主要区别简述如下：锐缘蜱属体扁，体缘扁锐，背面与腹面之间有缝线分界；钝缘蜱属体略呈扁形，但体缘圆钝，背面与腹面之间的体缘无缝线（图 2-20、图 2-21）。

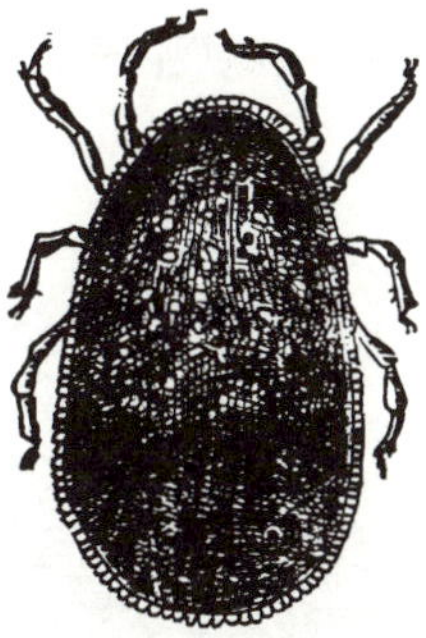

（a）背面

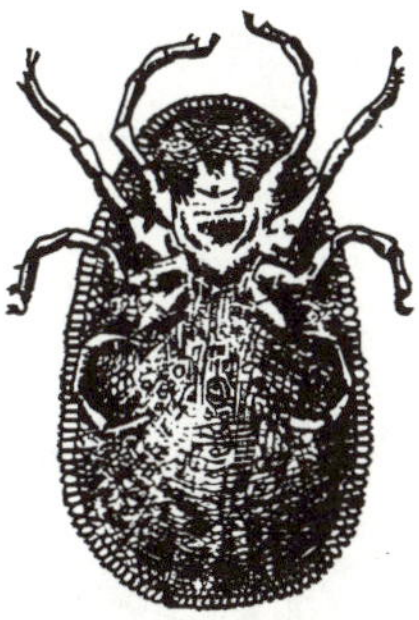

（b）腹面

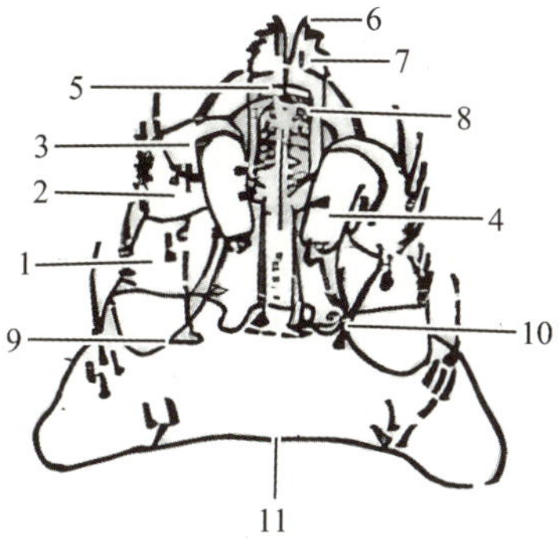

（c）假头腹面观

1～4—须肢节 Ⅰ～Ⅳ节；5—螯肢干；6—螯肢的定趾（内趾）；7—螯肢的动趾（外趾）；8—口下板；9—须肢后毛；10—口下板后毛；11—假头基。

图 2-20　波斯锐缘蜱的形态构造（引自孔繁瑶）

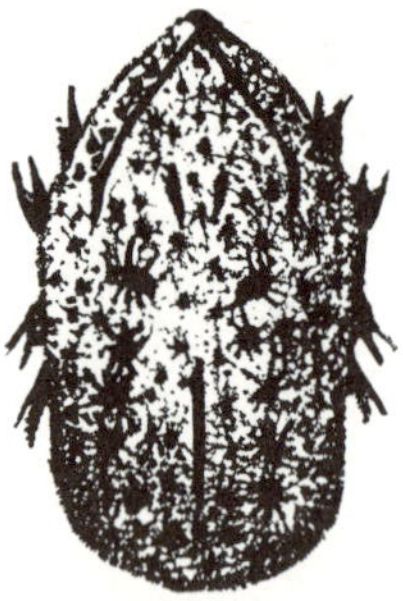

（a）背面

（b）腹面

（c）跗节

图 2-21　拉合尔钝缘蜱

三、疥螨的一般形态特征

疥螨属于节肢动物门蜘蛛纲蜱螨目疥螨科。

这种蜱的显著特点是体积较小，形状像呈球形，背部凸起，而腹部则是扁平的。盾板存在或不存在，口器较短，而螯肢与须肢则相对较粗短。在假头的背面后方，存在一对粗糙而短小的垂直刚毛或刺。足部相对较短且粗壮，其足部末端配有爪间突吸盘或长刚毛，吸盘则附着于一个不分节的柄上；雄蜱具有无性吸盘及尾突（图 2-22）。此类寄生虫可寄生于多种哺乳类动物；在宿主的表皮层中寄生，它们能挖掘隧道，吸取表皮深层的细胞液和淋巴液作为营养，从而引发患畜强烈的痒感和各种类型的皮肤炎。

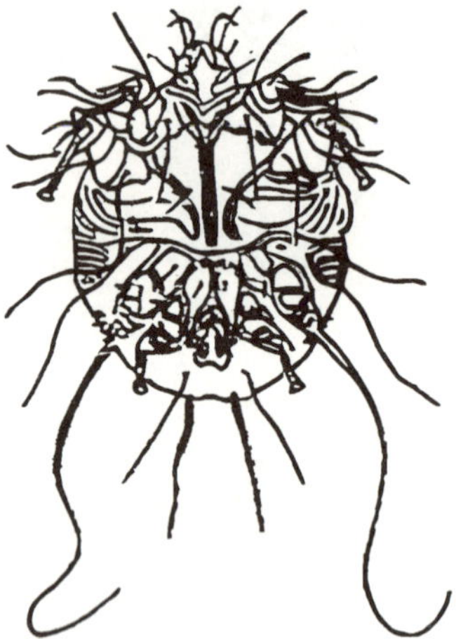

（a）雄虫

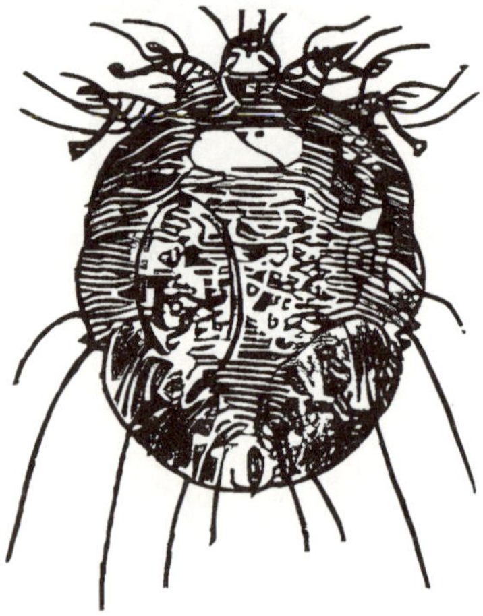

（b）雌虫

图 2-22　疥　螨

疥螨属的身体呈近似圆形，口部较短，并在基部带有一对尖刺；螯肢与须肢都是短而粗的。其足部短小且呈圆形，第四对脚几乎完全被腹部遮挡住。雌性螨虫在第 1 和第 2 对足上有吸盘，雄性螨虫在第 1、第 2 和第 4 对足上有吸盘，而这些吸盘的柄不分节。背部中央区域存在着三角形的鳞状凸起和棒状的短刺。体表和体壁均被毛束覆盖。肛门位于身体的最末端。雄性螨虫没有生殖吸盘，并且其身体的末端也没有凸缘。

四、痒螨的一般形态特征

痒螨属于节肢动物门蜘蛛纲蜱螨目痒螨科。其显著特征是成螨的体型比疥螨要大一些，并且身体呈现出长椭圆的形状。体色为黑色或褐色。假头的背部后方并没有粗短的垂直刚毛存在。在身体的后侧，存在一个既大又显眼的盾形板。足较细长，末端具爪间突吸盘或长刚毛，吸盘位于分节的柄上。雄螨有 2 个性吸盘和 2 个尾突（图 2-23）。

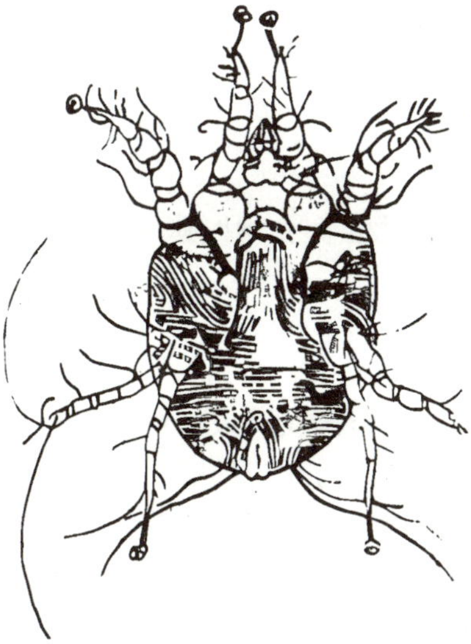

（a）雌虫

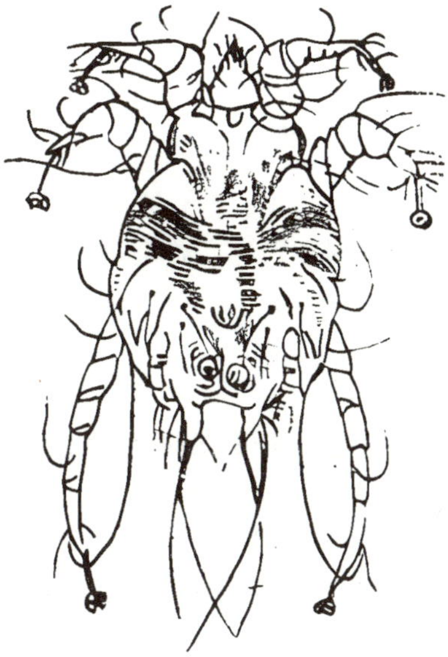

（b）雄虫

图 2-23　痒　螨

痒螨属家畜体表的永久性寄生虫，广泛分布于羊、牛、马及兔等家畜，其中以绵羊、牛和兔的感染率较高。痒螨对绵羊造成的伤害是最为严重的，给整个养羊行业带来了巨额的经济损失。

痒螨属的虫体是长圆形的，体长在 0.5 ~ 0.9 mm，可以用肉眼清晰地观察到。口器长，形状像圆锥；螯肢呈细长状，其两个趾头上均带有三角形齿；须肢也是细长的。头的背侧皮肤上出现了细微的皱纹。肛门位于身体的最末端。其足部相对较长，尤其是前两对。雌性昆虫的第 1、2、4 对足以及雄性昆虫的前 3 对足都具有吸盘，这些吸盘都位于一个由三节组成的柄上。在雌虫的第 3 对脚上，每一对都长有 2 根刚毛。雄性昆虫的第 4 对脚特别短，缺乏吸盘和刚毛。雄性昆虫的身体末端存在 2 个较大的结节，每个结节上都长有几根长毛，而腹部的后侧则有 2 个吸盘；生殖器官位于第 4 基节的中间位置。雌性昆虫的身体在腹部前方有一个宽敞的生殖孔，而在其后部则有一个纵向裂开的阴道，这个阴道的背侧是肛门。

任务三

常见的粪便寄生虫检测技术

粪便检测作为一种诊断肠道寄生虫疾病的手段和关键参考依据，具有操作简便和结果直观的优点。目前已被广泛应用于临床。该方法不仅可以观察寄生虫的感染状况，评估寄生虫药物的治疗效果，而且也是进行肠道寄生虫病流行病学研究的一个重要工具。

一、目的要求

（1）掌握寄生虫粪便检查技术。

（2）认识线虫虫卵、吸虫虫卵、绦虫虫卵等常见寄生虫虫卵，掌握其一般特征。

二、实验原理

许多寄生虫，特别是寄生于消化道的虫体，其虫卵、卵囊或幼虫均可通过粪便排出体外，若在粪便中找到虫卵、卵囊或幼虫等，即可明确地诊断为相应的寄生虫病和寄生虫感染。常用的方法有肉眼观察法、直接涂片法、虫卵漂浮法、虫卵沉淀法等。蛔虫、带绦虫等较大的虫体用肉眼即可分辨，而不能用肉眼观察的虫卵可以通过虫卵漂浮法或沉淀法进行观察。

三、仪器材料

离心机、显微镜、天平、镊子、载玻片、盖玻片等；50%甘油、食盐等。

四、实验内容

（一）直接涂片法

取 50%甘油水溶液或普通水 1～2 滴放于载玻片上，取黄豆大小的新鲜动物粪便与之混匀，剔除粗粪渣，盖上盖玻片镜检，置光学显微镜下观察虫卵或幼虫。此方法最为简便，但是检出率一般不高。

（二）虫卵漂浮法（以饱和食盐水漂浮法为例）

其原理是采用比重高于虫卵的漂浮液，使虫卵浮集于液体表面，形成一层虫卵液膜，蘸取此液膜进行镜检。此方法常采用饱和食盐水漂浮法检测线虫卵、球虫卵囊和绦虫卵等。具体步骤如下：

（1）饱和食盐水的制备：把食盐水加入沸水锅内，直到食盐不再溶解而出现沉淀为止（1000 mL 沸水中加入约 400 g 食盐）。待冷却用纱布过滤后备用。

（2）首先，取新鲜粪便 2 g 置于平皿中，再用镊子将其压碎。接着，与 10 倍量的饱和盐水搅拌，并通过纱布过滤至平底管中，确保管内粪液水平且稍隆起，避免溢出。然后，静置 0.5 h。之后，用直径 0.5 ~ 1.0 cm 的金属圈蘸取液膜，将其抖落在载玻片上，覆盖盖玻片后进行镜检。另一种方法是，用盖玻片直径蘸取液面，置于载玻片上，在显微镜下进行检查。该方法主要针对比重较小的卵及卵囊，如线虫卵、绦虫卵和球虫卵囊等进行检测。

（三）虫卵沉淀法（以自然沉淀法为例）

通常采用自然沉淀法和离心沉淀法。寄生虫虫卵的相对密度比水大，可自然沉于水底，可利用自然沉淀的方法，将虫卵集中于水底便于检查。离心沉淀法可加快虫卵的沉降速度。具体操作步骤如下：

（1）将 5 ~ 10 g 粪便压碎，然后将其放入一个容器中，并加入 5 ~ 10 倍的清水进行混合。

（2）在经过 40 ~ 60 孔的铜筛过滤之后，让滤液自然沉淀 20 min，然后倒掉上面的清液；重复这个过程 2 ~ 3 遍，直到上层的清液变得明亮。

（3）在最后的步骤中，倾倒大部分的上清液，并保留大约是沉淀物 1/2 的溶液量，然后使用胶帽吸管进行吹吸，待其均匀后，再从载玻片上吸取少量液体，并盖上盖玻片进行显微镜检查。

五、注意事项

（1）进行粪便检测时，所用的粪便必须是新鲜的。在常温条件下，粪便里的虫卵会开始发育，有的幼虫甚至会从这些虫卵中孵出。

（2）直接涂片法观察时，先用低倍后高倍，每次检查应从粪便的多个部位采样观察，以提高检出率。

（3）在进行漂浮法时，漂浮时间约 30 min。时间过短（小于 10 min）漂浮不完全；时间过长（大于 1 h）易造成虫卵变性、破裂，难以识别。

（4）检查多例粪便时，用铁丝圈蘸取一例之后，再蘸取另一例时，需先在酒精灯上烧过之后再用，以免相互污染，影响结果的准确性。

任务四

寄生虫免疫学诊断技术（血吸虫环卵沉淀试验）

确诊寄生虫感染最可靠的依据是从人体或畜体的组织、体液内和排泄分泌物中查出寄生虫。然而由于各种因素的影响，临床上有时很难对可疑感染者做出病原诊断。免疫诊断技术因简便经济、易自动化操作，成为寄生虫病实验诊断的重要组成部分。但免疫诊断一般只有辅助诊断价值。目前用于寄生虫病免疫诊断的主要有间接血凝抑制试验、免疫荧光技术和免疫酶技术。本任务以血吸虫环卵沉淀试验为例。

一、目的要求

（1）掌握环卵沉淀试验的基本原理。

（2）掌握环卵沉淀试验结果的判定方法。

二、实验原理

环卵沉淀试验（Circum Oval Precipitating Test，COPT）采用血吸虫虫卵作为抗原，进行特异性的免疫学试验。当虫卵中的毛蚴完全成熟时，它们会产生可溶性虫卵抗原（Soluble Egg Antigen，SEA）。这些 SEA 从卵壳的微孔中渗透出来，附着在卵壳的表面，并与待检测的血清中的特异性抗体结合，导致虫卵周围形成抗原与抗体的复合物沉淀。在显微镜下，可以观察到泡状或指状的沉淀物在虫卵表面沉积，这是一个阳性的观察结果。在健康家畜的血清样本中，由于缺乏对应的抗体，虫卵周围不会出现特定的沉淀物，因此被判定为阴性。通过分析环沉率（100 个虫卵中有沉淀物的虫卵数量，即阳性虫卵数与观察虫卵数的比例 ×100%），我们可以判断待测血清中的 COPT 反应是否为阳性，并根据沉淀物的大小来评估反应的强度。

三、仪器材料

血吸虫虫卵冻干粉、待检测的血清、载玻片、盖玻片、注射器的针头、滴管、石蜡、刀具、蜡盒、酒精灯、显微镜以及吸水纸等。

四、实验步骤

（1）首先，在清洁的载玻片上滴入一小滴待检测的血清，然后使用注射器针头取出少量的血吸虫冻干卵粉末，并与血清完全混合。

（2）将盖玻片盖上，并用石蜡将其四周密封，以防止水分蒸发和细菌繁殖。

（3）在室温条件下，静置 1 ~ 1.5 h 后，进行显微镜下的观察并记录结果。

（4）观察结果，典型的阳性反应表现为泡状、指状、片状或细长卷曲状的折光性沉淀物，这些沉淀物的边缘规整，并与卵壳紧密相连。对于阴性的反应，需要完整地查看整片；而对于阳性反应，通过观察 100 个成熟的卵来计算其环率和反应强度的比例，如果实验环沉率超过 5%，则环卵沉淀试验的结果为阳性。镜下观察阳性虫卵，部分泡状沉淀物的面积较小，小于虫卵面积的 1/2，反应强度为“+”；部分泡状沉淀物的面积大于虫卵面积的 1/2，反应强度为“++”；还有部分泡状沉淀物的面积大于虫卵本身面积，反应强度为“+++”。

五、注意事项

（1）玻片需要保持干净且不含油，在手持玻片时，务必避免手指与玻片表面产生直接接触，从而防止油渍污染。

（2）滴加待检血清的量应当适宜，如果血清太少，可能会导致漏检。如果血清量过多，那么在覆盖盖玻片的过程中，血清很容易在载玻片上展开，而在使用石蜡密封时操作会变得困难，这时可以采用吸水纸来吸取盖玻片周围的液体，然后再进行密封。

（3）选取冻干虫卵粉末时，只需适量即可。若数量过多，虫卵可能会发生积压，使得在显微镜下观察和判断变得困难。在使用注射器针头时，必须确保其处于干燥状态，否则可能会吸附大量的虫卵粉末，建议使用吸水纸来清洁针头后再继续使用。

（4）在混合虫卵与血清的过程中，避免使用过大的力量，防止虫卵发生破裂。

（5）石蜡的密封必须是完整的，防止水分的蒸发，从而影响显微镜下的检查。

任务五 寄生虫标本的固定和保存

寄生虫标本在寄生虫学的教学和科研活动中发挥着十分重要的作用。当通过寄生虫的体外培养、动物模型或者典型寄生虫病病例采集到寄生虫标本时，应尽快对这些寄生虫标本进行不同处理，予以固定和保存。

一、目的要求

（1）熟练掌握蠕虫、原虫和昆虫样本的固定和保存方法。

（2）掌握固定与保存昆虫的方法。

二、实验原理

固定是指让虫体在极短的时间里迅速死亡，以维持虫体的原始形状和结构。在获取标本之后，应迅速将其固定好，并选择合适的保存方式，以确保其能够长时间保存。

三、仪器材料

甲醛、胶纸、中性树胶、酒精、甘油、冰醋酸、液氮、载玻片、昆虫标本针、标本盒等。

四、实验内容

（一）蠕虫的固定与保存

1. 虫　卵

含虫卵粪便标本或者浓集的虫卵可用5%、10%甲醛溶液或硫柳汞-碘-甲醛液（Methiolate-Iodine-Formalin，MIF）固定。粪便和固定液的比例为1∶3。在处理极易分化发育的虫卵（如钩虫卵）时，须加热标本（约 70 ℃）以杀死虫卵。若为透明胶纸法获得的含蛲虫卵，可将胶纸分割成 5 mm × 5 mm 的小块，取一块载玻片，在中央滴加甘油，将小块胶纸置于甘油上摊平，胶纸上滴加中性树胶，加盖玻片，于 37 ℃温箱中烘干保存备用。

2. 幼　虫

线虫幼虫（以钩蚴为例）：载玻片上的幼虫以 10%甲醛或 95%乙醇直接冲入青霉素小瓶内固定，贴上标签，密封保存。培养收集的大量感染期钩蚴，经离心沉淀除去水分后，将甲醛或乙醇固定液加热至 50 ℃与钩蚴混合，使虫体伸展，于 5%甲醛或 75%乙醇中固定保存。

3. 成　虫

（1）线虫

首先，采用生理盐水对虫体进行彻底清洗，去除其上的污渍。随后，使用 70%的酒精或巴氏液（配制方法：甲醛 3 份、生理盐水 97 份）加热至 70 ~ 80 ℃ 进行固定。固定完成后，将其转移到新的 70%酒精或巴氏液中进行保存。针对小型线虫（如旋毛虫、蛲虫、钩虫等），建议采用甘油酒精（配制方法：70%酒精 95 mL、甘油 5 mL）进行加热固定，并将其储存在 80%的酒精环境中。也可以选择使用冰醋酸将其固定大约半小时，然后将其转移到 70%的酒精或甘油酒精中进行保存。

（2）吸虫

可以将小型吸虫放入一个小瓶子里，加入生理盐水，用力摇晃几分钟，然后倒掉生理盐水，再注入固定液。对于较大的吸虫，建议首先将其放入薄荷脑酒精液中（薄荷脑 24 g、95%酒精 10 mL），这样可以使虫体的肌肉变得松弛。然后，可以使用载玻片将其压平并固定，或者在两片载玻片之间放置清洗过的吸虫，并用细线紧扎压平后进行固定。通常采用 10%的福尔马林进行固定，24 h 后将其转移到 5%的福尔马林中进行保存，或者使用 70%的酒精进行 0.5 ~ 3 h 的固定，具体时间取决于虫体的大小，之后再转移到新的 70%酒精中进行保存。

（3）绦虫

对于大型绦虫，如猪和牛带绦虫，可以将其浸泡在自来水中 8 ~ 12 h，使其在水中完全展开和放松，然后将其转移到 3%的福尔马林溶液中进行固定，24 ~ 28 h 后再转移到 5%的福尔马林溶液中进行保存。对于小型绦虫，首先可以在生理盐水中进行多次清洗，接着在 3%的福尔马林溶液中进行 3 ~ 5 h 固定，之后再将其转移到 5%的福尔马林溶液中进行保存。在需要进行染色制片的情况下，首先从 3%的福尔马林溶液中提取虫体，然后将其放置在载玻片上。接着，使用另一载玻片进行轻压，并沿着载玻片的边缘滴加 5%的福尔马林溶液进行数小时固定，最终将其转移到 5%的福尔马林溶液中进行保存。

（二）原虫的固定与保存

1. 原虫滋养体和包囊的固定与保存

肠道、血液、体腔液或组织中的原虫可分别制成粪膜、血膜等涂片或活检切片、压片等玻片标本，经适当固定与染色而长久保存。粪便标本可用 5%甲醛或汞-碘-醛液固定保存（粪便 1 g 与汞-碘-醛液 10 mL 混匀后，密封在瓶内），包囊在固定液中可保存 1 年，以碘液染色后，仍能看到其基本结构。新鲜滋养体易死亡，应立即用肖定（Schaudinn）固定液固定后制成涂片，尽快用铁苏木素染色制成永久玻片标本。

2. 原虫的低温保存

在液氮中冻存原虫，可以长期保持原虫的生物学特性，无需动物保种及人工培养传代。将从患病家畜处采集的或体外培养得到的原虫标本经 1500 r/min 离心 10 min，弃上清液，根据不同的虫种选择适宜的含适量二甲基亚砜（Dimethyl Sulfoxide，DMSO，抗冻剂，可起保护细胞的作用）的冻存液，充分混匀于 – 20 ℃下放置 1 h，– 70 ℃下过夜，最后放入液氮（– 196 ℃）中保存。

（三）昆虫的保存

1. 干标本的保存

用于保存有翅昆虫。可用特制的昆虫针插虫体。大型昆虫如蝇、虻等用 1 ~ 3 号昆虫针，从虫体背面、中胸右侧直插。注意保存左侧完整，以便鉴定。小型昆虫如蚊、蛉、蚋、蠓等，取 00 号短针插入软木片的一端，然后用这个 00 号短针自胸部腹面、两中足基部之间插入，不可刺透胸背，再用另一长针从软木片的另一端插入，将针插好的昆虫插入昆虫盒的软木板上。盒内放入纸包的樟脑粉防蛀。

2. 湿标本的保存

用于保存具有翅昆虫的卵、幼虫阶段以及无翅昆虫和蜱螨类的各个发育时期。在保存活标本时，首先采用 70%的酒精（60 ~ 70 ℃）进行固定，经过 1 d 处理后，转存至甘油酒精中。此外，也可采用 5%或 10%的福尔马林与巴氏液进行固定保存。

五、注意事项

（1）在整个操作中，注意保持虫体形态的完整。

（2）固定标本使用的固定液最好新鲜配制。

（3）标本制作好之后，应贴上标签，载明日期、虫体、采集地区等信息。

任务六

粪便中球虫卵囊孢子化培养

鸡球虫病是危害养鸡业的重要疾病之一，是由一种或多种球虫引起的急性流行性寄生虫病。在适宜的温度和湿度条件下，随排泄物排出的卵囊经过 1 ~ 2 d 发育，转变为具有感染性的卵囊。当禽类摄取此类卵囊后，其中的子孢子释放出来，侵入肠上皮细胞内进行生长发育，转化为裂殖子、配子、合子。随后，合子周围生成一层被膜，并最终排出体外。

鸡球虫在肠上皮细胞内持续进行有性和无性繁殖，导致上皮细胞遭受严重破坏，进而引发疾病。对于粪便中球虫卵囊孢子化培养，可进行进一步研究，了解球虫的孢子生殖过程，对于预防和诊断鸡球虫病具有重要作用。

一、目的要求

（1）认识常见球虫卵囊的形态特征。

（2）掌握粪便中球虫卵囊的计数、分离和孢子化培养基基本操作。

二、实验原理

在适宜的温度（通常 25 ~ 28 ℃）、湿度和充足的氧气条件下，球虫卵囊在体外进行减数分裂，一个卵囊内形成 4 个孢子囊，每个孢子囊内通过有丝分裂产生 2 个子孢子。由于粪便中大量的杂质影响氧气扩散，杂菌生长消耗氧气，使卵囊发育不良，因此孢子化培养最好在分离后进行。最好的培养液是 2.5%重铬酸钾溶液，最适宜的培养温度是 28 ℃，培养过程中需要搅拌振荡或吹气以达到增氧目的。不同种类球虫卵囊孢子化时间有差异，通常在 48 ~ 72 h。

三、仪器材料

新鲜鸡粪便、饱和食盐溶液、2.5%重铬酸钾溶液；低速离心机、托盘天平、显微镜、恒温培养箱、空气浴恒温摇床、200 mL 锥形瓶、平皿、载玻片、盖玻片、胶头滴管等。

四、实验内容

1. 球虫卵囊的分离收集

将一定量球虫卵囊阳性粪便放入洁净烧杯，先加入少量自来水，用玻璃棒捣碎混合均匀，接着加入 3 ~ 5 倍粪便体积的自来水，再次搅拌均匀后，采用 60 ~ 80 目筛网进行过滤。过滤后，重复水洗粪便 2 ~ 3 次，最后去除残渣。对滤液进行 3000 ~ 4000 r/min 离心沉淀 6 min，弃去上清液，取出沉淀物。将沉淀物与 5 倍体积的饱和氯化钠溶液混合均匀，再次进行 3000 ~ 4000 r/min 离心漂浮 6 min。谨慎地倒出上清液至另一个干净烧杯，弃去沉淀物。接着用自来水将上清液稀释 5 倍，进行 3000 ~ 4000 r/min 离心沉淀 6 min。弃去上清液，重复水洗操作 2 次，以去除卵囊沉淀中的盐分。最后，将沉淀物与 2.5%重铬酸钾溶液混合均匀，镜检分离卵囊情况。

2. 卵囊孢子化培养与保存

在上述过程中，将收集的卵囊置于至少 10 倍体积的 2.5%重铬酸钾溶液中，然后在 28 ℃ 的摇床内进行 48 ~ 72 h 的孢子化培养。在培养期间，若孢子化率达到 80% ~ 90%，即可终止培养。

为了防止细菌和真菌的污染，长期保存孢子化卵囊，收集的卵囊可进行离心沉淀，将沉淀物中加入 5 倍体积的比重为 1.075 的次氯酸钠溶液，充分振荡混匀，并进行 10 min 的冰浴处理。随后，利用 PBS 进行 2 次离心洗涤。接着，加入 10 倍体积的 2.5%重铬酸钾溶液进行混合，并将混合物保存于 4 ℃冰箱以备后续使用。

五、注意事项

（1）采集的粪样一定要新鲜，避免污染，引起误诊。

（2）孢子化培养时，局部环境温度不能低于 20 ℃，也不能高于 30 ℃。

（3）判断卵囊是否完成孢子化的标准是有 80%～90%的卵囊完全孢子化，如果孢子化时间过长，过度消耗子孢子能量，反而会影响卵囊活性，缩短孢子化卵囊的保存时间。

任务七

寄生虫动物接种技术

在某些组织器官中，寄生虫含量较低，直接检测较为困难，因此，通常采用动物接种试验以确诊。通过将病料接种到实验动物体内，寄生虫在实验动物中增殖，从而便于发现。需要注意的是，接种病料、选用实验动物种类以及接种途径均依据寄生虫的种类而有所不同。尽管动物接种试验在检测由血液或组织寄生虫引起的感染方面具有较高敏感性，如伊氏锥虫、胎儿毛滴虫和弓形虫等，但对大多数诊断实验室而言，该方法的应用范围仍存在显著局限。以下以弓形虫动物感染实验为例进行说明。

一、目的要求

（1）了解弓形虫对动物的致病性。

（2）掌握弓形虫在中间宿主的病原形态。

二、实验原理

动物接种是一种寄生虫实验室诊断手段，其过程是将感染期的寄生虫引入实验动物体内，使虫体在动物体内生存或繁殖，从而确诊相应的寄生虫病。此外，动物接种也是科研领域获取大量病原体的常用方法。

三、仪器材料

18～20 g 小白鼠（SPF）、双抗、PBS 水（0.1 mol/L），1.7%灭菌生理盐水，研钵、镊子、剪刀、注射器、离心管、地塞米松、灌胃导管、载玻片。

四、实验内容

（1）取其阳性病例的血液、骨髓或脑脊液等 0.5 ~ 1.0 mL，腹腔接种体重为 18 ~ 20 g 的 SPF 小白鼠。

（2）每日灌地塞米松免疫抑制剂 0.2 mL，每日观察，记录小白鼠的症状。如发现小白鼠被毛逆立，呼吸促迫或死亡，立即剖检，取小鼠腹腔液进行涂片检查（查滋养体），并取肝、脾、脑组织进行涂片检查。

（3）对于初次接种的小白鼠，若未出现病症或未检测到病原体，可采用该小鼠的肝、肺、脾组织制备成组织悬液，并按照上述方法进行第二次接种。若第二次接种结果仍为阴性，可进行 2 ~ 3 次的传代，随后再次报告检测结果。

五、注意事项

（1）用于实验的小白鼠尽量使用 SPF 小白鼠，以免影响试验结果的准确性。

（2）试验过程中，必须做好个人安全防护工作，实验结束后的小白鼠必须进行安全处理。

第三章　免疫学诊断操作技术

免疫学的诊断方法是基于抗原与抗体之间的高度特异性结合，通过对样本中的特定物质进行检测和分析，从而监控物品的质量、身体的免疫状况，并进行某些疾病的体外诊断。免疫学的诊断方法以其高度的特异性、灵敏度、简易性、速度和安全性而著称，它已经成为当前生命科学研究中的关键工具之一，为基础医学、临床医学的进步以及疾病的确诊、预后评估、预防措施和药物治疗的评估提供了宝贵的工具和方法。随着分子生物学和生物信息学等相关学科的不断发展，免疫学检验技术也得到迅速发展，并逐步成为兽医临床上一种非常有效的辅助诊断技术。现阶段，用于监测动物疾病的实验室技术主要涵盖了凝集反应、沉淀实验、免疫扩散实验、酶联免疫吸附试验（ELISA）、免疫组化方法以及免疫荧光技术等多个方面。在这一章节中，我们将探讨几种独特的免疫学诊断方法在动物疾病检测上的实际应用。

任务一　免疫胶体金检测技术

免疫胶体金技术（Immune Colloidal Gold Technique）是一种创新的免疫标记方法，它采用胶体金作为追踪标记，并用于抗原和抗体的检测。胶体金因其高电子密度、颗粒尺寸、形态和颜色反应等物理属性，以及其结合物在免疫和生物学方面的特性，已经在免疫学、组织学、病理学和细胞生物学等多个领域获得了广泛的应用免疫胶体金技术作为一种迅速、便捷且特定的检测手段，展现出了其独特的应用潜力。此次实验以检测猪圆环病毒的 2 型抗体为例。

一、目的要求

（1）掌握胶体金免疫层析技术的实验原理。

（2）了解抗体胶体金检测试纸制作的方法。

二、实验原理

免疫胶体金技术采用胶体金颗粒来标记抗体或抗原，目的是探测未知的抗原或抗体。在还原剂的催化作用下，氯金酸能够聚合成特定尺寸的金粒子，从而生成表面带有负电荷的疏水性胶体溶液。这种溶液由于静电的影响呈现出稳定的胶体形态，因而被命名为胶体金。在碱性环境中，胶体金颗粒表面的负电荷与蛋白质的正电荷基团通过静电引力进行结合，从而形成红色的复合物。这种复合物可以用于标记多种大分子，如白蛋白、免疫球蛋白、糖蛋白、激素、脂蛋白、植物血凝素和卵蛋白等。

三、实验材料

猪圆环病毒 2 型抗体胶体金检测试纸、待检血清。

四、实验方法与步骤

（1）将检测试纸平衡至室温后，从铝箔袋中取出检测卡，水平放置，并做好标记。

（2）在待检卡的加样孔位置加入待检血清样品 100 μL。

（3）放置于室温下，于 20 min 内观察并判定结果。

五、结果判定

如果检测（T）线区和对照（C）线区都呈现红色，那么可以确定为阳性结果；只有对照（C）线区域出现红色线条时，判定为阴性；如果对照（C）线区域没有红色出现，那么将被判定为无效。

六、注意事项

（1）假如这头猪从未接受过猪圆环病毒的疫苗接种：

① 如果被检测样本的检测线（T）位置没有出现明显的色带，这意味着该样本中不含有猪圆环病毒的抗体。假如猪群处于健康状态，那么应当尽快为其接种猪圆环病毒的疫苗。

② 如果在被检测样本的检测线（T）上出现了明显的色带，那么这只猪很可能是受到了病毒的感染，因此需要进一步的观察和验证。

（2）假如这头猪已经接受了猪圆环病毒的疫苗接种：

① 当检测样本的检测线（T）条纹的颜色达到或超过对照卡中 1∶40 的效价时，意味着猪圆环病毒抗体的浓度相对较高，已经具备了对抗强毒攻击的防护能力。

② 如果检测样本中的检测线（T）条的颜色小于对照卡上的 1∶40 效价，表明猪圆环病毒的抗体效价并没有达到对抗猪圆环病毒强烈攻击所需的最低保护滴度，因此建议进行疫苗的补充接种。

任务二

血凝与血凝抑制试验

血凝及血凝抑制试验（HA-HI 试验），是一种成本效益高、快速、可靠且易于操作的方法。它能够迅速处理大量禽类血样，以测定抗体水平，已广泛用于疾病预防监督机构和养殖场。此法用于流行病学调查、疾病诊断以及免疫效果评估等多种场合，成为这些机构的关键工具之一。本部分以新城疫病毒血凝试验和新城疫病毒抗体血凝抑制试验为例进行介绍。

一、实验目的

（1）掌握血凝及血凝抑制试验的基本原理、操作方法，以及结果的判定。

（2）了解新城疫的有关背景知识。

二、实验原理

新城疫病毒又称纽卡斯尔病毒（Newcastle Disease Virus，NDV），副黏病毒科的腮腺炎病毒属，通过其表面的血凝素与某些动物红细胞的表面分子结合，导致红细胞凝集，这个凝集过程被称为血凝（HA），也称直接血凝反应。在病毒悬浮液中加入具有抑制病毒或其血凝素功能的特定抗体，可以避免红细胞表面受体与病毒或血凝素发生接触，进而有效地抑制红细胞的凝集现象。这一抑制机制被命名为红细胞凝集抑制（HI）反应，也可以叫作血凝抑制反应。因此通过 HI 试验和 HA 试验可诊断新城疫及其抗体水平。

三、仪器材料

疑似新城疫病死鸡、9 ~ 11 日龄 SPF 鸡胚、超净工作台、恒温箱、离心机、移液枪、照蛋器、剪刀、镊子、橡胶手套、来苏儿、蛋盘、注射器（1 ~ 5 mL）、眼科镊子、灭菌平板、灭菌研钵、吸管、酒精灯、试管架、石蜡、3%碘酊棉、75%酒精、96 孔 V 形微量血凝集反应板、混合振荡器、1%鸡红细胞悬液、鸡新城疫弱毒疫苗、鸡新城疫标准阳性血清、含抗生素 PBS 等。

四、方法步骤

（一）HA 试验

1. 0.5%鸡红细胞悬液的制备

采集至少 3 只 SPF 鸡（如无 SPF 鸡，采血鸡应选用经常规鉴定无新城疫病毒抗体的非免疫鸡）的血液，并与等体积的阿氏液混合。随后，使用 10 mol/L pH 7.2 PBS 进行 3 次洗涤，每次以 1000 r/min 的速度离心 10 min。洗涤离心后，根据血细胞比容以 PBS 配制 0.5%红细胞悬液，并在 4 ℃条件下保存备用。

2. 稀释病毒液或被检样本

采用微量移液器将灭菌 PBS 加入微量反应板，每孔容量为 50 μL；接着，用微量移液器取 50 μL 病毒液或被检样本加入第 1 孔，将吸头深入样本中缓慢吹吸几次，使病毒与稀释液充分混合，然后吸取 50 μL 混合液谨慎地移至第 2 孔。以此类推，连续稀释至第 11 孔，弃去第 11 孔中的 50 μL 液体。至此，病毒或待检样本的稀释倍数由 1∶2 至 1∶2048 递增。第 12 孔作为红细胞对照。具体操作程式见表 3-1。

表 3-1 NDV 的 HA 试验程式

单位：μL

孔号	1	2	3	…	9	10	11	12
稀释倍数	2^1	2^2	2^3	…	2^9	2^{10}	2^{11}	红细胞对照
等渗 PBS	50	50	50	…	50	50	50	50
病毒液	50 →	50 →	50 →	…	50 →	50 →	50 →	弃去 50
1%鸡红细胞	50	50	50	…	50	50	50	50
感作	置振荡器上混匀 1～2 min，37 ℃静置 15 min，20 ℃左右 40 min，或 4 ℃ 60 min							

注：11 孔为红细胞对照，12 孔为标准 NDV 对照。

3. 加入红细胞悬液

采用微量移液器将 1%红细胞悬液加入各孔，每孔 50 μL。将微量反应板置于微量振荡器上，振荡混合 1 min，随后置于 37 ℃环境中作用 15 min，或室温（18～20 ℃）下作用 30～40 min，或 4 ℃环境下作用 60 min（若周围环境温度过高）。待对照孔红细胞沉降后，观察实验结果。

4. 结果判定

在实验过程中，将反应板以 45°的角度倾斜，若管底的红细胞沿着倾斜面呈线状流动，形成沉淀，则表明红细胞未能被病毒完全凝集或未被病毒凝集。反之，若红细胞在孔底铺展并形成均匀的薄层，在倾斜后红细胞保持静止不流动，则说明红细胞已被病毒成功凝集。

在此实验中，以实现完全凝集的病毒或待检测样本的最高稀释度作为血凝价。即以能使红细胞在孔底形成 100%凝集（红细胞呈颗粒性伞状凝集并沉于孔底）的病毒最高稀释度作为该病毒的血凝价（1 个凝集单位）。而对于未能发生凝集的红细胞，则会沉于孔底呈点状。

（二）HI 试验

1. 4 个单位病毒液的准备

根据经血凝试验测定的病毒抗原血凝价，将病毒原液稀释至含有 4 个单位病毒的工作液，以供血凝抑制试验使用。通过以下公式计算出含有 4 个血凝单位的抗原浓度：抗原稀释倍数=血凝滴度/4。例如，若病毒血凝滴度为 1∶160（即 1 个血凝单位），则 4 个血凝单位的稀释度为 160/4=40 倍，即取 1 mL 病毒液加入 39 mL pH 7.2 磷酸盐缓冲液。

2. 0.5%鸡红细胞悬液的制备

同 HA 试验。

3. 稀释血清

首先，使用微量移液器将灭菌 PBS 加入微量反应板的 1～12 孔，每孔 50 μL。从微量移液器中取 50 μL 被检血清，加入第 1 孔，并将吸头浸入液体中，缓慢吹吸几次，以使血清与稀释液充分混合。随后小心地将 50 μL 混合液转移至第 2 孔。以此类推，直至第 10 孔，被检血清的稀释倍数依次为 1∶2～1∶1024。每排血清样本进行 1 次稀释。反应板的 11 孔和 12

孔分别加入 50 μL 4 单位病毒液和新城疫阳性血清，作为抗原对照和阳性血清对照。具体操作程式见表 3-2。

表 3-2　HI 试验程式

单位：μL

孔号	1	2	3	…	9	10	11	12
稀释倍数	2^1	2^2	2^3	…	2^9	2^{10}	抗原对照	血清对照
等渗 PBS	50	50	50	…	50	50	50	50
被检血清	50	50	50	…	50	50	50	弃去 50
4 个血凝单位病毒	50	50	50	…	50	50	50	50
感作	置振荡器上混匀 1～2 min，20 ℃左右 40 min，或 4 ℃ 60 min							
1%鸡红细胞	50	50	50	…	50	50	50	50
感作	置振荡器上混匀 1～2 min 20 ℃左右 40 min，或 4 ℃ 60 min							

注：11 孔为标准抗 NDV 血清对照，12 孔为红细胞对照。

4. 加入病毒液

在反应板的第 1 孔至第 10 孔内，分别加入含有 4 个血凝单位的病毒液，每孔体积为 50 μL。

5. 血凝抑制感作

在微量振荡器上振荡微量反应板 1～2 min 后，于 37 ℃环境下静置 20 min，或室温（20 ℃）下静置 40 min，或 4 ℃环境下静置 60 min。

6. 加入红细胞悬液

在各孔中再加入 0.5%鸡红细胞悬液 50 μL，置于微量振荡器上振荡 1 min 以充分混合，随后置于 37 ℃环境中静置 15 min，或室温（20 ℃）静置 40 min，或 4 ℃环境中静置 60 min。待第 11 孔中的 4 单位病毒凝集红细胞后，可观察实验结果。

7. 结果判定

在实验过程中，将反应板以 45° 的角度倾斜，若管底的红细胞沿着倾斜面呈线状流动，形成沉淀，则表明红细胞未能被病毒完全凝集或未被病毒凝集。反之，若红细胞在孔底铺展并形成均匀的薄层，在倾斜后红细胞保持静止不流动，则说明红细胞已被病毒成功凝集。在对照出现正确结果的情况下，能将 4 单位病毒凝集红细胞的作用完全抑制的血清最高稀释倍数，称为该血清的红细胞凝集抑制效价。用被检血清的稀释倍数或其以 2 为底的对数表示（如上例为 1∶16，或表示为 $4\log_2$）。

五、注意事项

（1）红细胞的来源对血凝及血凝抑制试验的结果具有一定的影响。病毒的血凝谱宽度各异，有的较广泛，有的较狭窄，因此，应根据病毒的血凝特性选择适宜的动物红细胞。常见的研究对象包括鸡、豚鼠、大鼠、鹅、绵羊、小鼠的红细胞以及人类 O 型血红细胞。需要注意的是，供血动物之间存在个体差异，试验时建议使用多种动物混合血液以确保结果的准确性。

（2）红细胞悬液的浓度对于血凝及血凝抑制试验结果具有显著影响。为确保试验准确性，应当尽量保持每次试验所采用的红细胞浓度稳定一致。

（3）在无菌条件下采集的抗凝血液，其在 4 ℃下的储存期限不得超过一周，否则可能导致溶血或免疫反应效能降低。若需长时间储存，应将抗凝剂更换为阿氏液，并按照 4∶1 的比例（即 4 份阿氏液加入 1 份血液）进行混合，此后在 4 ℃环境下可储存至 4 周。

（4）反应温度对血凝及血凝抑制试验结果存在一定影响。部分病毒在 4 ℃时血凝性表现较为显著（如弹状病毒、细小病毒等），而另一些病毒在 4 ℃ ~ 37 ℃范围内均具有血凝性（如正黏病毒、副黏病毒）。

任务三 酶联免疫吸附试验

酶联免疫吸附试验（Enzyme-Linked Immunosorbent Assay，ELISA）是目前在免疫学检测领域中发展最快且应用最广泛的技术手段。该技术将抗原抗体反应的高度特异性与酶的高催化活性相结合，从而实现了高敏感性和强特异性的测定方法。此外，ELISA 可用于生物活性物质的微量检测和疾病诊断，已在生命科学领域得到广泛应用。根据检测目的的不同，ELISA 可分为多种类型，包括间接法、夹心法与双夹心法、阻断 ELISA、液相阻断 ELISA、非结构蛋白抗体检测 ELISA 等。本实验主要介绍间接 ELISA 和夹心 ELISA。

一、目的要求

掌握 ELISA 的实验原理及基本操作方法，并能应用于疾病诊断和抗原抗体分析。

二、实验原理

酶联免疫吸附试验是一种在固相载体上进行的免疫酶染色技术。该过程涉及抗原或抗体吸附于固相载体表面，与待检样本中的相应抗体或抗原发生结合，形成抗原抗体复合物。随后加入酶标记的抗体，并在底物存在的情况下，观察酶催化底物生成有色产物的颜色变化。颜色深浅与样本中相应抗原（抗体）含量成正比，从而实现定性或定量检测。

三、实验步骤

（一）间接 ELISA（以新城疫病毒的检测为例）

1. 仪器材料

可溶性抗原，如鸡新城疫病毒 LaSota 疫苗毒；抗原包被液、底物溶液、酶标抗体、抗

NDV 鸡血清、封闭液、0.01 mol/L PBST（含 0.01%吐温 20）、酶标板、酶标仪等。

2. 操作方法

首先，将 NDV 可溶性抗原用包被液稀释至 1 ~ 20 μg/mL，然后以 50 ~ 100 μL/孔的量加入酶标板孔中，在 4 ℃下过夜或于 37 ℃下吸附 120 min。接着，用 PBST 进行 3 次洗涤；每孔加入 200 μL 封闭液，4 ℃下过夜封闭或 37 ℃下封闭 45 ~ 90 min。随后，再次用 PBST 进行 3 次洗涤，每次洗涤时间为 1 min（包被板可存放于 – 20 ℃或 4 ℃以备后用）。每孔加入 50 ~ 100 μL，1∶100 以上稀释的抗 NDV 的鸡血清，同时设立阳性、阴性对照。在 37 ℃下孵育 45 ~ 90 min，然后用 PBST 进行 3 次洗涤，每次洗涤时间为 5 min。接下来，每孔加入 50 ~ 100 μL 抗鸡 IgG 的酶标抗体[若进行杂交瘤筛选，则每孔加 HRP 标记的抗小鼠（1 gG+IgM）抗体]。最后一孔不加酶标抗体，该孔将用于测定时调零。在 37 ℃下孵育 45 ~ 90 min，然后用 PBST 进行 5 次洗涤，每次洗涤时间为 3 min。每孔加入 OPD 或 TMBS 底物 100 μL，37 ℃下避光作用（OPD 为 20 min，TMBS 为 40 min）。最后，用 50 μL 2 mol/L H_2SO_4 终止反应，在酶标仪上读取 OD 值（ODP 底物显色时，选用 490 nm 滤光片；TMBS 底物显色时，选用 450 nm 滤光片）。

3. 结果判定

在实验条件下，若 OD_{490} 值不低于 0.3，且 P/N 值不低于 2.1，则判定为阳性结果；另外，若 $P \geqslant N+3SD$，同样判定为阳性。其中，P 代表样品孔的 OD 值，N 代表对照孔的 OD 值，SD 表示标准差。

（二）夹心 ELISA（以鸡传染性法氏囊病病毒检测为例）

1. 仪器材料

鸡抗传染性法氏囊病毒（IBDV）特异性抗体、IBDV 抗原、酶标抗 IBDV 的单克隆抗体、包被液、封闭液、0.01 mol/L PBST（含 0.01%吐温 20）、底物溶液、酶标板、酶标仪等。

2. 操作步骤

经纯化的鸡抗传染性法氏囊病病毒（IBDV）特异性抗体，用包被液稀释至 25 ~ 100 μg/mL 的浓度，然后以 50 ~ 100 μL/孔的量加入酶标板中，在 4 ℃下过夜或 37 ℃下吸附 120 min。吸附完成后，用 PBST 洗涤 3 次。

封闭液用于封闭酶标板，每孔加入 200 μL，4 ℃下过夜或 37 ℃下孵育 120 min。封闭完成后，用 PBST 洗涤 3 次，每次洗涤 1 min。

每孔加入 50 ~ 100 μL 待检 IBDV 抗原，同时设立阴性和阳性对照。在 37 ℃下孵育 45 ~ 90 min。孵育完成后，用 PBST 洗涤 3 次，每次洗涤 3 min。

接着，每孔加入 50 ~ 100 mL 酶标鼠抗 IBDV 的单抗。在 37 ℃下孵育 45 ~ 90 min。孵育完成后，用 PBST 洗涤 5 次，每次洗涤 5 min。

然后，每孔加入 OPD 或 TMBS 底物 100 μL，在 37 ℃下避光作用（OPD 为 20 min，TMBS 为 40 min）。作用完成后，用 50 μL 2 mol/L H_2SO_4 终止反应。

最后，在酶标仪上读取 OD 值（使用 490 nm 滤光片进行 ODP 底物显色，使用 450 nm 滤光片进行 TMBS 底物显色）。

3. 结果判定

OD_{490}≥0.3，并且 P/N≥2.1，为阳性；P≥N+3SD，为阳性。

四、注意事项

（1）在实施 ELISA 检测过程中，必须严谨设立阳性对照与阴性对照，并对待检样品进行重复设置，以确保实验结果具备准确性和可靠性。

（2）洗涤环节在 ELISA 检测中占据至关重要的地位。其目的在于通过洗涤清除板孔中未能与固相抗原或抗体结合的物质，以及反应过程中非特异性地吸附于固相载体的干扰物质。若洗涤不充分，可能会对检测结果产生影响。

任务四 沉淀试验

当可溶性抗原（如细菌浸出液、含菌病料浸出液、血清以及其他来源的蛋白质、多糖质和类脂体物质）与相应的抗体接触时，在电解质的参与下，这些抗原和抗体的复合物会生成白色的絮状沉淀，并形成沉淀线。这一过程被命名为沉淀反应，它包括环状沉淀、絮状沉淀以及琼脂扩散反应。

实验一 环状沉淀试验

以炭疽环状反应为例，此反应又称 Ascoli 氏反应。

一、目的要求

通过本实验，掌握环状沉淀试验操作方法和判定标准。

二、实验原理

环状沉淀反应是一种检测方法，其原理是将抗原液置于抗体液之上，若二者相对应，则在抗原抗体接触界面形成白色沉淀环。该反应的目的在于利用已知的抗体检测未知的抗原，从而实现抗原的鉴定和疾病的诊断。

三、仪器材料

环状沉淀反应管、毛细滴管、已知炭疽沉淀素血清和炭疽标准抗原、待测疑似炭疽病料的沉淀原、0.5%石炭酸生理盐水、剪刀、乳钵、水浴锅、中性石棉（滤纸）。

四、操作步骤

1. 待检抗原的制备

取疑似为炭疽死亡动物的实质脏器 1 g 放入乳钵中研碎，加入生理盐水 5 ~ 10 mL，或取疑似炭疽病畜的血液、渗出液，加入 5 ~ 10 倍生理盐水混合后，用移液管移至试管内，置水浴锅煮沸 30 ~ 40 min，冷却后用滤纸过滤使之呈清澈透明的液体，即为待测抗原。如待检材料是皮张、兽毛等，可用冷浸法处理。现将样品高压 121.3 ℃ 30 min 灭活后，将皮剪成小块并称量，加 5 ~ 10 倍的 0.5%生理盐水，室温或 4 ℃冰箱中浸泡 18 ~ 24 h，滤纸过滤，滤液即为待检抗原。

2. 环状沉淀反应的操作步骤

（1）在实验台上摆放 3 支规格为 5 mm × 50 mm 的试管，并进行编号。随后，利用毛细滴管吸取炭疽沉淀素血清，将其分别加入编号为 1、2、3 的反应管底部，每管约注入 0.5 mL 血清。在此过程中，注意避免血清产生气泡或沾染上部管壁。

（2）选取其中一支反应管，利用另一支毛细滴管吸取被检抗原，将反应管稍倾斜，沿着管壁缓慢地将被检抗原液滴加到沉淀素血清上，加至反应管 2/3 的容量，使两液接触形成一条整齐的界面（务必避免产生气泡，切勿摇动），然后轻轻直立放置。

（3）另外两根反应管，按照之前的方法，分别加入炭疽的标准抗原和生理盐水作为比较基准。三根反应管被放置在试管上，并静置几分钟，以便仔细观察实验的成果。

3. 结果判定

如果在添加抗原后的 5 ~ 10 min 内，炭疽标准抗原管出现乳白色的沉淀环，而生理盐水管则没有沉淀环，那么可以判定为阳性反应。如果检测管的上下两个液体界面上出现了清晰且致密的乳白色沉积环，那么可以确定检测到的样本来源于感染了炭疽病的动物。

五、注意事项

（1）在处理疑似炭疽病样本时，务必高度重视个人防护措施，佩戴手套。操作完成后，所有用具应进行高压消毒处理。

（2）待检抗原标本应保持清澈。若出现浑浊情况，可尝试离心处理，获取上清液，或采取冷藏方式促使脂类物质上浮，随后用吸管吸取底层液体。

（3）在加入抗原后，应在 5 ~ 10 min 内对结果进行判定。为确保准确性，务必进行对照观察，以避免出现假阳性现象。

实验二　琼脂双向双扩散试验

一、目的要求

掌握琼脂双向双扩散试验的操作方法和判定标准。

二、实验原理

琼脂双向双扩散试验（Double Diffusion in Two Dimension）作为一种常用的琼脂扩散试验，主要应用于抗体或抗原的定性检测。在试验中，可溶性抗原与对应的抗体（抗血清）分别于琼脂凝胶内各自向四周扩散。若抗原与抗体相互匹配，则在二者比例适宜之处形成肉眼可见的白色沉淀线；反之，无沉淀线生成。此类试验通常用于已知抗原检测未知血清标本，或已知抗血清检测未知抗原样本。

三、仪器材料

0.15 mol/L pH 7.2 PBS、1.2%琼脂、已知抗原或血清、待检血清或抗原、载玻片、打孔器、微量加样器、酒精灯等。

四、操作步骤

1. 琼脂板的制备

将 3.5 mL 加热融化的 1.2%琼脂通过吸管滴加到清洁的载玻片上，确保琼脂的厚度在 2.5 ~ 3.0 mm。

2. 打　孔

在琼脂凝固之后，采用打孔器进行打孔操作，孔的距离和大小根据不同疫病监测规范有所差异。通常情况下，孔径范围为 3 ~ 5 mm，孔间距为 4 ~ 7 mm。孔形多采用梅花形设计，即中央 1 孔，周围 6 孔。使用针头将孔内琼脂挑出。随后，将琼脂板无凝胶面置于酒精灯火焰上进行轻轻灼烧，直至手背触摸感觉微烫即可。

3. 加入抗原和待检血清

将已知抗原加入中央孔，待检血清样本加入外周孔。若检测抗原，可在中央孔加入抗血清，外周孔加入待检抗原样本。若进行抗体效价测定，则中央孔加入已知抗原，外周孔依次加倍比稀释的血清，每个稀释度加 1 孔。加样过程中需注意避免样品外溢或在边缘形成小泡，以免对实验结果产生影响。检测抗体或抗原时，均需设立阴性、阳性对照。

4. 扩　散

在加样完成后，将琼脂板置于湿盒内，确保其湿度得到保持，然后将其置于 37 ℃的温箱中进行扩散，持续 24 ~ 48 h，以便观察最终结果。

5. 结果判定

（1）在凝胶中，若抗原与抗体具有特异性，则会形成抗原抗体复合物，在中央孔与待检样本孔之间产生清晰的白色沉淀线，认定为阳性。若在 72 h 内未观察到沉淀线，则判定为阴性。

（2）在实施抗体检测过程中，将已知抗原置于中央孔，周围 1、3、5 孔加入标准阳性血清，2、4、6 孔分别加入待检血清。若待检孔与阳性孔产生的沉淀带完全融合，可判定为阳性。待检血清若无沉淀带或所形成的沉淀带与阳性对照沉淀带完全交叉，则判定为阴性。若待检孔未出现沉淀带，但两阴性孔在接近待检孔时，两端均向内有所弯曲，判定为弱阳性。若仅一端弯曲，另一端仍为直线，判定为可疑，需进行重检。重检时可适当增加样品量。若检样孔无沉淀带，但两侧阳性孔的沉淀带在接近检样孔时变得模糊或消失，可能是待检血清中抗体浓度过大导致沉淀带溶解，此时可对样品进行稀释后重检。

（3）抗血清效价的测定通常采用琼脂扩散法，通过观察沉淀带的出现来确定血清的效价。在琼脂板上设置一系列稀释度的血清样本，并加入相应的抗原。经过一段时间的孵育后，观察抗原与抗体结合形成的沉淀带。出现沉淀带的血清最高稀释倍数即为该血清的琼扩效价。

五、注意事项

（1）在实验过程中，务必设立对照组并进行对照观察，以避免假阳性的出现。

（2）温度对沉淀线的形成具有影响，在一定范围内，温度越高，扩散速度越快。通常，反应过程在 0 ~ 37 ℃下进行。在双向双扩散实验中，为了降低沉淀线变形的风险并保持其清晰度，建议在 37 ℃下形成沉淀线，随后将其置于室温或冰箱（4 ℃）环境中。

（3）琼脂浓度对沉淀线形成速度具有显著影响，通常情况下，琼脂浓度较高时，沉淀线的形成速度较慢。

（4）参与扩散的抗原与抗体之间的距离对于沉淀线的形成具有显著影响。一般来说，抗原与抗体之间的距离越远，沉淀线形成的速度就越慢。在实验过程中，孔间距离应以等于或略小于孔径为佳，因为距离过远将影响反应速度。然而，若孔距过于接近，沉淀线的密度则会过大，容易出现融合现象，从而对沉淀线数量的确定造成不便。

（5）抗原与抗体的比例与沉淀线的形成位置和清晰度存在密切关联。当抗原过量时，沉淀带会向抗体孔方向偏移并增厚；反之，若抗体过量，现象则相反。可通过试验不同稀释度的反应液来调整平衡。

（6）不规则的沉淀线可能是由以下因素引起：加样过程中过量液体溢出，孔洞形状不规则、边缘破损、孔底泄漏，孵育阶段未能平稳放置，扩散过程中琼脂干燥，温度过高导致蛋白质变性，或未添加防腐剂引发细菌污染等。

（7）依据抗原与抗体反应的不同浓度分析，当抗体浓度减少时，检测抗原的敏感性也随之下降；反之，抗体浓度提高，检出抗原的敏感性则相应增强。根据琼脂扩散试验原理，当抗原与抗体浓度比例适当时，肉眼可见的沉淀线即可形成。然而，若抗体浓度过高，不仅会造成资源浪费，还可能导致沉淀线偏移，从而影响实验结果的判定。

实验三　对流免疫电泳

一、目的要求

深入了解对流免疫电泳的基本原理和应用方法，并探索其在传染病快速检测中的实际效果。

二、实验原理

抗体球蛋白（主要是 IgG）的等电点相对较高，在 pH 值为 8.6 的琼脂凝胶中仅表现出轻微的负电荷。在电泳过程中，抗体球蛋白受到电渗作用的影响，无法抵抗向负极的泳动，而非向正极移动。通常情况下，蛋白质抗原在碱性环境中呈现负电荷，因此电泳时会从负极向正极移动。在进行电泳实验时，如果在负极中加入抗原，而在正极中加入血清抗体，那么抗原和抗体在同一个凝胶板上会显示出相对的泳动。电泳完成后，两者在比例适宜的位置相遇，形成肉眼可见的沉淀线。由于抗原抗体分子在电场作用下定向运动，限制了自由扩散，增加了抗原抗体相应作用的浓度，从而提高了敏感性，本法较琼脂扩散敏感性高 10 ~ 16 倍，且快速、简单。

三、仪器材料

0.05 mol/L pH 8.6 的巴比妥缓冲液，1.2%琼脂，已知抗原、阳性血清和待检血清，待检抗原，电泳仪、电泳槽、载玻片、微量加样器、打孔器等。

四、操作步骤

1. 琼脂板的制备

采用 pH 8.6、离子强度为 0.05 mol/L 的巴比妥缓冲液配置 1.2%琼脂凝胶板，取出 3.5 mL 融化的琼脂，均匀涂抹在玻片上，制成厚度为 2 ~ 3 mm 的凝胶板。

2. 打　孔

在琼脂冷却之后，对其进行打孔处理，每张玻片上可形成 3 列成对的小孔，孔径为 0.3 ~ 0.6 cm，孔距为 0.4 ~ 1.0 cm。随后，去除孔内的琼脂，并封闭孔底。

3. 加　样

两个孔分别加入已知（或待检）抗原与待检（或已知）血清。同时设置阳性及阴性对照孔。

4. 电　泳

抗原孔应置于电泳槽的负极端。将琼脂板放入电泳槽内，槽内加入巴比妥缓冲液，加至电泳槽高度的 2/3 处，确保两槽内液面保持水平。将 2 ~ 4 层纵向折叠的滤纸一端浸泡在缓冲液中，另一端贴附在琼脂板上，重叠 0.5 ~ 1.0 cm（确保滤纸事先用缓冲液浸泡，叠层过程中无气泡）。设置电压为 4 ~ 6 V/cm，或电流强度为 2 ~ 6 mA/cm，进行电泳 30 ~ 60 min，随后观察结果。

5. 结果判定

在断电后，将玻板置于光源下，并以黑色背景为衬托进行观察。阳性样本在抗原抗体孔之间会形成一条明显且紧密的白色沉淀线。若沉淀线轮廓模糊，可将琼脂板置于湿盒中，保持 37 ℃环境，数小时后或置于电泳槽中过夜，再进行观察。

五、注意事项

（1）抗原、抗体的浓度。在抗原、抗体比例不适宜的情况下，均无法观察到显著的沉淀线。因此，除了使用高效价的血清外，每份待测样品均应进行多个不同稀释度以进行检测。

（2）特异性对照鉴定。为了确认待检抗原孔中无假阳性反应，我们需在相邻位置设置一阳性抗原孔。若待检样品中的抗原与抗体产生的沉淀线与阳性抗原、抗体沉淀线完全重合，说明待检样品中所含的抗原为特异性抗原。

（3）在对流免疫电泳过程中，适度的电渗作用至关重要。然而，在琼脂质量较差的情况下，电渗作用过大，导致血清中的其他蛋白成分也向负极移动，从而引发非特异性反应。在某些情况下，由于电渗作用不足，琼脂糖无法应用于对流免疫电泳。

（4）在同一介质中，若抗原抗体携带相同电荷或迁移速率相近，则电泳过程中两者会同向移动，因此不适用于采用对流免疫电泳进行检测。

任务五 免疫荧光技术

免疫荧光技术融合了抗原和抗体反应的特异性、灵敏度以及显微追踪的准确度，是一种综合性的技术手段。荧光抗体法涉及使用荧光抗体来追踪或检测相应的抗原，而荧光抗原法是通过已知的荧光抗原标记物来追踪或检测相应的抗体。免疫荧光技术是由这两种技术共同组成的，其中荧光抗体法是最常用的一种。免疫荧光技术以其高度的敏感性、特异性和快速性为特点，因而在临床检测领域获得了广泛的应用。

一、目的要求

（1）掌握免疫荧光技术的原理和实验操作步骤。

（2）了解免疫荧光技术的特点和应用。

二、实验原理

免疫荧光技术的核心是在抗体或抗原上标记不会影响其活性的荧光素。当这些标记物与相应的抗原或抗体结合时，它们会形成带有荧光素的复合物。在荧光显微镜观察下，由于受到高频光源的影响，荧光素会发出独特的荧光，这使得我们能够对相应的抗原或抗体进行准确的检测。免疫荧光抗体的常见技术包括直接方法和间接方法。直接免疫荧光法利用已知的荧光素标记的抗体来检测相应的抗原。如果样本中存在对应的抗原，会生成抗原与荧光素标记的抗体复合物，在荧光显微镜下观察可以看到特异性荧光；而样本中不存在对应的抗原，在荧光显微镜下则没有特异性荧光。这种方法的主要优势在于其简洁性和高度的特异性；其不足之处在于，每一种抗原都需要制作对应的特定荧光抗体，并且其敏感性远低于间接方法。间接免疫荧光技术利用带有荧光素标记的抗抗体来检测抗原或抗体。在进行抗体检测的过程中，首先需要将待检测的抗体（即一抗）添加到已经准备好并含有已知抗原的样本上，然后再添加带有荧光素标记的抗抗体（即二抗）。如果待检样品中存在相应的抗体，那么就会形成一个抗原-抗体-荧光素标记的复合物，并在荧光显微镜下展示出特异性的荧光；若无相关抗体则不出现上述反应。类似地，我们也可以使用已知的阳性血清来检测抗原。与直接法相比，间接法具有更高的敏感性，并且只需标记一种二抗，就能用于检测多种抗原或抗体；但这种方法容易产生非特异性的荧光。目前国内外均采用酶联免疫方法来检测抗体，此法灵敏度高，选择性强，简便快速，易于普及推广。接下来，以检测猪瘟病毒和相关抗体为实例进行详细说明。

三、仪器材料

（1）10 mol/L pH 7.4 PBS。

（2）猪瘟病毒高免血清（经 56 ℃水浴 30 min 灭活）。

（3）异硫氰酸荧光素（FITC）标记的猪瘟病毒抗体。

（4）异硫氰酸荧光素（FITC）标记的兔抗猪 IgG（二抗）。

（5）待检病料、待检血清、阴性及阳性病料或血清对照。

（6）甘油缓冲液。

（7）荧光显微镜、载玻片、盖玻片、毛细吸管、玻片染色缸、温箱等。

四、操作步骤

（一）制　片

选用无自发性荧光的适合载玻片或普通优质载玻片，经过洗净后，浸泡于无水乙醇和乙醚等量混合液中，使用时取出，用绸布擦净。待检病料需制成涂片、印片、切片（包括冰冻切片或石蜡切片）。制作完成的涂片、印片、切片，使用冷丙酮或无水乙醇在室温下固定 10 min。固定后的制片用冷 PBS 液浸泡冲洗，并以蒸馏水冲洗。对于培养的细胞单层飞片或微量板，可直接进行固定。

（二）染　色

1. 直接染色法

（1）在待检标本片上滴加 PBS 液，经过 10 min 后，弃去多余液体，以确保标本维持适宜的湿度。

（2）将预先固定好的标本置于湿润的盘中，滴加适量稀释至适当染色浓度的 FITC 标记猪瘟病毒抗体，使其充分覆盖，然后在 37 ℃温箱中孵化 30 min。

（3）取出玻片，倾去存留的荧光抗体，先用 PBS 漂洗后，再按顺序过 PBS 液 3 缸浸泡，每缸 3 min，其间不时振荡。

（4）蒸馏水洗涤 1 min，以去除盐类结晶。

（5）取出标本片后，使用滤纸条轻轻吸取其四周残留的液体，确保标本保持适度湿润状态，避免过度干燥。

（6）添加 1 滴甘油缓冲液，并用盖玻片进行封片处理。

（7）在荧光显微镜下进行观察。样本的特异性荧光强度，通常以“+”来表示。

（8）对照染色：应设立自发荧光对照标本（加入 1 ~ 2 滴 PBS）、阳性样本对照及阴性样本对照。

2. 间接染色法检测抗原

（1）在待检标本片上滴加 PBS，经 10 min 处理后，弃去液体，确保标本保持适度湿度。接着，将已固定好的标本置于湿盘中，均匀滴加已知猪瘟病毒高免血清，使其完全覆盖，然后在 37 ℃温箱中孵育 30 min。

（2）倾去存留的免疫血清，将标本浸入装 PBS 的玻片染缸，并依次过 PBS 液 3 缸浸泡，每缸 3 min，其间不时振荡。

（3）经蒸馏水洗涤 1 min，以去除盐类结晶。

（4）取出标本片后，使用滤纸条轻轻吸取其四周残留的液体，确保标本保持适度湿润状态，避免过度干燥。

（5）滴加 FITC 标记的兔抗猪 IgG 抗体，在 37 ℃温箱中孵育 30 min。

（6）充分洗涤标本片，用滤纸条吸干标本四周残余的液体，但不使标本干燥。

（7）滴加甘油缓冲液 1 滴，封片，置荧光显微镜下观察。

（8）对照染色：应设立自发荧光对照标本（加入 1 ~ 2 滴 PBS）、荧光抗体对照（标本+荧光抗体）、阳性样本对照和阴性样本对照。

3. 间接染色法检测抗体

（1）采用已知的猪瘟病毒阳性组织涂片或印片，自然干燥，随后进行甲醇固定。

（2）将固定好的标本置于湿盘中，滴加经适当稀释的待检血清，然后在 37 ℃的环境中孵化 3 min。

（3）倾去存留的血清，将标本浸入装 PBS 的玻片染缸，并依次过 PBS 液 3 缸浸泡，每缸 3 min，其间不时振荡。

（4）滴加 FITC 标记的兔抗猪抗体，37 ℃温箱孵育 30 min。

（5）充分洗涤标本片，用滤纸条吸干标本四周残余的液体，但不使标本干燥。

（6）滴加甘油缓冲液 1 滴、封片，置荧光显微镜下观察。

（7）对照染色：应设立自发荧光对照标本（加入 1 ~ 2 滴 PBS）、荧光抗体对照（标本+荧光抗体）、阳性血清和阴性血清对照。

4. 结果判定

在检测过程中，若样本呈现特异性荧光，则判定为阳性。在观察过程中，需将形态学特征与荧光强度综合考虑。在进行病毒检测时，针对各类病毒的特异性，应关注荧光出现的部位，如某些病毒在细胞质中显示荧光，某些在细胞核中呈现，还有些则在细胞质和细胞核均可观察到荧光。荧光强度在一定程度上能够反映抗原或抗体的浓度。

五、注意事项

（1）在制备标本片时，必须充分保持抗原结构的完整性，避免形态发生不必要的改变，并确保抗原在固定过程中的位置稳定。此外，为确保抗原-标记抗体复合物易于接收激发光源，便于观察和记录，标本片的制备需达到一定的厚度，并采取适当的固定处理方法。

（2）为了保证荧光染色的正确性，避免出现假阳性，进行免疫荧光检测时必须设置标本自发荧光对照、阳性对照与阴性对照。只有在对照成立时，才可对检测样本进行判定。

（3）在荧光素标记抗体的稀释过程中，需确保抗体具备适宜的浓度。一般来说，血清稀释倍数不宜超过 1∶20，以免抗体浓度过低导致荧光强度减弱，从而影响实验结果的准确性。然而，若抗体浓度过高，则可能引发非特异性荧光的产生。

（4）对于细菌培养物、感染动物的组织或血液、脓汁、粪便、尿沉渣等样本，可采用涂片或压印片的方法进行处理。在组织学、细胞学和感染组织的研究中，通常使用冰冻切片或低温石蜡切片。此外，生长在盖玻片上的单层细胞培养物也可作为标本。细胞培养可选用 96 孔细胞板进行，采用无水乙醇固定制作标本，或经胰酶消化后制成涂片。细胞或原虫悬液可直接进行荧光抗体染色，然后转移至玻片上进行观察。

第四章 分子生物学诊断技术

随着分子生物学及其实验技术的快速发展，分子生物学相关检测技术被越来越广泛地应用于畜禽疫病诊断与防治。与传统方法相比，分子生物学检测技术具有特异强、敏感、高效、准确等优点，极大促进了畜禽疫病检测方法的建立，简化了实验检测程序，并显著提高了检测精确性。特别是近年来生物技术开发公司针对某一动物疫病研发的快速检测试剂盒，更加节省试验操作时间，提高了试验检测结果的稳定性。当前，动物疫病检测的主要实验室技术包括常规 PCR、实时荧光定量 PCR、逆转录 PCR（RT-PCR），核酸探针以及基因芯片等检测技术，其中基因芯片技术可同时完成多种动物疫病检测，显著提高工作效率。本章内容将介绍不同分子生物学技术在动物疫病检测中的应用。

任务一 DNA 病毒的 PCR 检测技术

聚合酶链反应（Polymerase Chain Reaction，PCR）是一种级联反复循环的 DNA 合成反应过程，一般由三个步骤组成：模板的热变性，寡糖甘酸引物复制到单链靶序列上，以及由热稳定 DNA 聚合酶催化的复性引物引导的新生 DNA 链延伸聚合反应的过程。PCR 反应能将皮克量级的起始待测模板扩增到微克水平，能从 100 万个细胞中检测一个靶细胞，敏感度高，且简便快速，对样本的纯度要求低，因此 PCR 广泛地应用于临床标本如血液、体腔液、洗嗽液、毛发、细胞、活组织等 DNA 扩增检测。

实验一　猪圆环病毒 PCR 诊断

一、实验简介

猪圆环病毒 2 型（PCV-2）是导致断奶仔猪多系统衰竭综合征的主要病原之一，它可以感染各个阶段的猪，尤其是 8 ~ 13 周龄的猪。猪感染 PCV-2 会引起体质下降、消瘦、呼吸困难、贫血和黄疸等症状，尤其会导致免疫抑制。该病的发病率为 5% ~ 15%，而病死率高达 50% ~ 100%，给养猪业造成巨大的经济损失。目前，分子生物学检测方法主要基于聚合酶链式反应（PCR）技术。本部分将介绍常规 PCR 技术在猪圆环病毒 2 型检测中的应用，以便了解 PCR 技术的方法原理。

二、实验原理

PCR 技术是分子生物学的一种方法，主要用于放大某些特定的 DNA 片段，它可以被看作是 DNA 在体外的复制活动。它的一个突出特性是可以显著提高微量 DNA 的数目。PCR 是由三个主要的反应阶段构成的：首先是 DNA 模板发生变性，然后在大约 93 °C 的高温环境中，DNA 的双链被解离，形成单链结构，以方便与引物进行结合；然后进行退火处理，当温度下降到大约 55 °C 时，引物与模板 DNA 的单链通过碱基的互补配对方式结合；最终，在 72 °C 的温度条件下，受到 DNA 聚合酶（如 TaqDNA 聚合酶）的催化作用，以 dNTP 作为反应的基础原料，并以目标序列作为模板，依据碱基互补配对和半保留复制的基本原理，成功合成了一条与模板 DNA 链具有互补特性的新型半保留复制链。

PCR 扩增反应完成后，可通过琼脂糖凝胶电泳和成像技术来获取特定 DNA 片段的电泳图。通过分析扩增的 DNA 条带，可以判断样本个体是否感染了猪圆环病毒 2 型。

三、实验材料

1. 主要实验设备

PCR 仪、电泳仪、高速离心机、凝胶成像系统、掌上离心机、移液器、电子天平、微波炉、－20 °C冰箱、水浴锅。

2. 实验试剂与器材

DNA 聚合酶（或 PCR MIX）、琼脂糖、DNA Marker、裂解液（10 mmol/L Tris-HCl，1 mmol/L EDTA，15 mmol/L 氯化钠，0.5%SDS，pH 8.0）、蛋白酶 K、Tris 平衡酚、酚-异戊醇混合液（25：24：1）、无水乙醇、3 mol/L 醋酸钠、10 × TBE 缓冲液。

眼科剪、眼科镊、组织研磨器、1000 mL 量筒、250 mL 锥形瓶、计时器、不同规格移液器吸头、1.5 mL 离心管、200 μL PCR 管。

3. 实验样品

实验样品包括阳性对照、阴性对照以及未知待检脾脏组织病料。

四、实验方法与步骤

1. 引物设计与合成

（1）使用 GenBank 中的 PCV-2 全基因序列作为参考，选择开放阅读框序列，并利用 Primer Premier5 引物设计软件完成引物的设计。

（2）参考公开发表的学术论文中提供的引物，通过验证确定试验引物。本实验参考唐万寿（2008）等发表的《猪圆环病毒 2 型 PCR 检测方法的建立及其应用》中的引物。引物设计的基本要求见表 4-1。

（3）引物合成由生物科技公司完成。

表 4-1　引物设计基本要求

引物长度	17～25 bp
GC 含量	40%～60%（45%～55%最佳）
T_m 值	上游和下游引物的 T_m 值不能相差太大。 T_m 值应使用专业软件计算
引物序列	A、G、C、T 整体分布尽量均匀。 不要有部分的 GC rich 和 AT rich（特别是 3′端）。 避开 T/C 或 A/G 的连续结构
3′末端序列	避免 GC rich 或 AT rich。 3′末端最好为 G 或 C。 尽量避免 3′末端碱基为 T
互补序列	避开引物内部或两条引物之间有 3 个碱基以上的互补序列。 二条引物间的 3′末端避开有 2 个碱基以上的互补序列
特异性	引物自身不应存在互补序列。 两引物之间不应互补。 产物不能形成二级结构

2. 样品制备

（1）组织样品的处理

每份组织样品从 3 个不同位置取约 1 g 样品。将样品手工剪碎，然后置于研磨器中并加入 1 mL 生理盐水研磨直至无块状物。随后将样品转移至 2.0 mL 灭菌离心管中，以 5 000 r/min 离心 10 min，取上清于 2.0 mL 离心管中待用。

（2）全血样品的处理

从凝血后的血清中取 500 μL，置于 2.0 mL 离心管中待用。

3. 病毒 DNA 的提取

（1）取已处理的病毒样品 200 μL，加入 400 μL 裂解液及蛋白酶 K（20 mg/mL），55 ℃消化 2 h。

（2）取 500 μL 的消化产物，加入等体积的 Tris 平衡酚，充分振荡混匀后，反应 10 min，以 5 000 r/min 离心 15 min。

（3）将离心后的上层水相转移至新的离心管中，加入适量酚-氯仿-异戊醇混合液（25∶24∶1）再次进行抽提。

（4）再次将上层水相转移至新的离心管中，加入 1/10 水相体积的醋酸钠（3 mol/L）和 2.5 倍无水乙醇混匀，放置在 –20 ℃冷冻 1 h 后，取出以 12 000 r/min 离心 10 min。

（5）弃去上清液，加入 70%的乙醇适量，以 12 000 r/min 离心 5 min，并重复此步骤 1 次。

（6）待 DNA 干燥后，加入少量超纯水溶解 DNA。

4. PCR 扩增

（1）PCR 反应体系：

2 × PCR Taq MasterMix	10 μL
PCR Forward Primer（10 μmol/L）	1 μL
PCR Reverse Primer（10 μmol/L）	1 μL
DNA 模板（50 ng/ μL）	1 μL
加 ddH_2O 至 20 μL	

（2）PCR 反应条件：将上述混合液涡旋混匀并离心，立即置于 PCR 仪，进行扩增。在 94 ℃ 预变性 5 min，循环扩增阶段：94 ℃ 30 s 变性→*X* ℃ 30 s 退火（*X* 指对应引物的退火温度）→72 ℃ 30 s 延伸，循环 35 次，最后在 72 ℃ 保温 5 min 终末延伸。扩增反应结束后，PCR 产物放置于 4 ℃ 待电泳检测或 –20 ℃ 长期保存。

5. 琼脂糖凝胶电泳

（1）取 10 × TBE 缓冲液 100 mL，加入双蒸水 900 mL 稀释至 1 × TBE 工作液备用。

（2）配制 1.5%的琼脂糖凝胶，加热溶解后稍微冷却，加入 DNA 染色液，然后倒入插有 20 μL 孔径梳子的制胶板中，等待冷却凝固。

（3）将胶板放入电泳槽（上样孔在负极），20 μL PCR 产物点样于上样孔中，并点片段大小合适的 DNA marker 作为参照。以 120 V 的电压于 1 × TBE 工作液中电泳，待溴酚蓝指示剂电泳至凝胶中下部时结束电泳，并在紫外凝胶成像系统上检测结果。

五、注意事项

（1）PCR 加样过程中，应在冰盒上快速操作完成。

（2）电泳点样过程中，枪头不要刺破上样孔底部和侧壁的凝胶，加样时不要产生气泡。

（3）整个实验过程注意有毒有害物质操作规程，实验操作时一定要戴一次性手套。

实验二　鸭瘟的 PCR 诊断实验

一、实验简介

鸭瘟（Duck Plauge，DP），也被称为鸭病毒性肠炎（Duck Viral Enteritis，DVE），是一种由鸭瘟病毒（DPV）触发的高度传染性疾病。这种疾病主要影响鸭、鹅以及其他属于雁形目的禽类，症状包括双腿麻木、腹泻、流泪，以及部分鸭头颈部肿胀。这种疫病对全球范围内的水禽养殖业造成严重危害，由于其具有流行广泛、传播迅速、发病率和死亡率高的特性，世界动物卫生组织已将其列为 B 类传染病，而我国的动物防疫法也将其分类为二类动物疫病。鸭瘟首次暴发是 1923 年在荷兰的家鸭中，而我国首次报道该病是在 1957 年。DPV 的常规检测方法包括病毒分离、琼脂扩散（AGID）、病毒中和实验（SN）、酶联免疫吸附试验（ELISA）等。由于操作方便、特异性强、灵敏性高、检测时间短等优点，PCR 方法检测鸭瘟已被广泛应用到早期诊断和病毒鉴定。本实验主要介绍 PCR 技术在鸭瘟病毒检测中的实验操作和理论基础。

二、实验原理

DPV 属于疱疹病毒科和疱疹病毒亚科，也被称作鸭疱疹病毒Ⅰ型，这是一种具有广泛的嗜性和全身性感染特性的病毒，其 DNA 结构为线性双链。根据 GenBank 公布的 DPVUL30（EF554403）基因序列，可以设计特异性引物，以分离的 DPV 病毒 DNA 为模板，通过 PCR 扩增经琼脂糖凝胶电泳成像获得扩增特定 DNA 片段电泳图。通过对 DNA 条带的有无判断样本是否感染 DPV。

三、实验材料

1. 主要实验设备

PCR 仪、电泳仪、高速离心机、凝胶成像系统、掌上离心机、移液器、电子天平、微波炉、－20 ℃冰箱、水浴锅。

2. 实验试剂与器材

DNA 聚合酶（或 PCR MIX）、琼脂糖、DNA Marker、裂解液（10 mmol/L Tris-HCl，1 mmol/L EDTA，15 mmol/L 氯化钠，0.5%SDS，pH 8.0）、蛋白酶 K、Tris 平衡酚、酚-氯仿-异戊醇混合液（25∶24∶1）、无水乙醇、3 mol/L 醋酸钠、10×TBE 缓冲液。

眼科剪、眼科镊、组织研磨器、1000 mL 量筒、250 mL 锥形瓶、计时器、不同规格移液器吸头、1.5 mL 离心管、200 μL PCR 管。

3. 实验样品

实验样品包括阳性对照，阴性对照以及未知待检鸭脾脏组织病料。

四、实验方法与步骤

1. 引物设计与合成

（1）使用 GenBank 中 DPV 的 UL30（EF554403）基因序列作为参考，设计特异性引物。本实验参考马秀丽等（2005）等发表的《PCR 用于鸭瘟病毒诊断的研究》中的引物。上游引物（F）：TCCTGGAACAATCACAAC，下游引物（R）：TCGCCTGCCAACTTAT。扩增 DNA 片段大小 690 bp。

2. 样品制备

（1）组织样品的处理

每份组织样品从 3 个不同位置分别取约 1 g 样品。将样品手工剪碎，然后置于研磨器中并加入 1 mL 生理盐水研磨直至无块状物。随后将样品转移至 2.0 mL 灭菌离心管中，以 5000 r/min 离心 10 min，取上清于 2.0 mL 离心管中待用。

（2）全血样品的处理

从凝血后的血清中取 500 μL，置于 2.0 mL 离心管中待用。

3. 病毒 DNA 的提取

（1）取已处理的病毒样品 200 μL，加入 400 μL 裂解液及蛋白酶 K（20 mg/mL），55 ℃消化 2 h。

（2）取 500 μL 的消化产物，加入等体积的 Tris 平衡酚，充分振荡混匀后，反应 10 min，以 5000 r/min 离心 15 min。

（3）将离心后的上层水相转移至新的离心管中，加入适量酚-氯仿-异戊醇混合液（25∶24∶1）再次进行抽提。

（4）再次将上层水相转移至新的离心管中，加入 1/10 水相体积的醋酸钠（3 mol/L）和 2.5 倍无水乙醇混匀，放置在 – 20 ℃冷冻 1 h 后，取出以 12 000 r/min 离心 10 min。

（5）弃去上清液，加入 70%的乙醇适量，以 12 000 r/min 离心 5 min，并重复此步骤 1 次。

（6）待 DNA 干燥后，加入少量超纯水溶解 DNA。

4. PCR 扩增

（1）PCR 反应体系：

2 × PCR Taq MasterMix	10 μL
PCR Forward Primer（10 μmol/L）	1 μL
PCR Reverse Primer（10 μmol/L）	1 μL
DNA 模板（50 ng/ μL）	1 μL
加 ddH_2O 至 20 μL	

（2）PCR 反应条件：将上述混合液涡旋混匀并离心，立即置于 PCR 仪，进行扩增。在 94 ℃ 预变性 5 min，循环扩增阶段：94 ℃ 30 s 变性→47 ℃ 30 s 退火→72 ℃ 30 s 延伸，循环 35 次，最后在 72 ℃保温 5 min 终末延伸。扩增反应结束后，PCR 产物放置于 4 ℃ 待电泳检测或 – 20 ℃ 长期保存。

5. 琼脂糖凝胶电泳

（1）取 10 × TBE 缓冲液 100 mL，加入双蒸水 900 mL 稀释至 1 × TBE 工作液备用。

（2）配制 1.5%的琼脂糖凝胶，加热溶解后稍微冷却，加入 DNA 染色液，然后倒入插有 20 μL 孔径梳子的制胶板中，等待冷却凝固。

（3）将胶板放入电泳槽（上样孔在负极），20 μL PCR 产物点样于上样孔中，并点片段大小合适的 DNA marker 作为参照。以 120 V 的电压于 1 × TBE 工作液中电泳，待溴酚蓝指示剂电泳至凝胶中下部时结束电泳，并在紫外凝胶成像系统上检测结果。

6. 鸭瘟病毒敏感性检测试验

为了保证 PCR 检测的准确性，应做敏感性检测。方法：首先需要测定提取病毒 DNA 模板的核酸浓度，并用超纯水进行 10 倍稀释，得到一系列不同浓度的 DNA 模板。然后，取 1 μL 稀释后的 DNA 模板作为 PCR 反应的模板，进行 PCR 扩增，凝胶电泳成像，根据条带的有无判断该法的检测敏感性。

实验三　猪细小病毒 PCR 诊断试验

一、实验简介

细小病毒病是由猪细小病毒（PPV）引起的猪的繁殖障碍性疾病。这种疾病在全球范围内普遍存在，并在众多猪场中盛行，给养猪行业带来巨大的挑战，因此它始终是猪病研究领域的关注焦点之一。PPV 表现出长时间携带病毒的特性，特别是在低剂量的情况下，持续感染的情况较为频繁。常规的血清学诊断方法如血凝及血凝抑制试验（HA，HI）、酶联免疫吸附试验（ELISA）、间接荧光抗体试验（IF）、乳胶凝集试验（LAT）等在检测 PPV 时常难以检出。相关研究证实，在 PPV 的检测中，PCR 技术可以快速准确地检测出病毒的存在，对于早期诊断和病毒鉴定非常有帮助。本实验介绍 PCR 技术在 PPV 检测中的实际应用。

二、实验原理

猪细小病毒属于细小病毒科（Parvoviridae）细小病毒亚科（Parvovirinae）细小病毒属。细小病毒属是目前动物病毒中最小最简单的一类单链线状 DNA 病毒，其基因组大小约为 5000 个碱基对（bp）。通过酚-氯仿抽提法获得猪细小病毒 DNA，采用 PCR 技术检测病毒 DNA。

三、实验材料

1. 主要实验设备

PCR 仪、电泳仪、高速离心机、凝胶成像系统、掌上离心机、移液器、电子天平、微波炉、－20 ℃冰箱、水浴锅。

2. 实验试剂与器材

DNA 聚合酶(或 PCR MIX)、琼脂糖、DNA Marker、裂解液(10 mmol/L Tris-HCl，1 mmol/L EDTA，15 mmol/L 氯化钠，0.5%SDS，pH 8.0)、蛋白酶 K、Tris 平衡酚、酚-氯仿-异戊醇混合液（25∶24∶1）、无水乙醇、3 mol/L 醋酸钠、10 × TBE 缓冲液。

眼科剪、眼科镊、组织研磨器、1000 mL 量筒、250 mL 锥形瓶、计时器、不同规格移液器吸头、1.5 mL 离心管、200 μL PCR 管。

3. 实验样品

实验样品包括阳性对照，阴性对照以及未知待检脾脏组织病料。

四、实验方法与步骤

1. 引物设计与合成

使用 GenBank 中有代表性的多条猪细小病毒基因序列作为参考，分析各序列间的同源性，通过 Primer premier 软件对保守序列片段设计特异性引物。本实验参考《猪细小病毒 PCR 诊断方法建立及标准制订》中的引物（李小康，2007）。上游引物（F）：GGGGAGGGCTTGGTTAGAAT，下游引物（R）：TGGTTGGTGGTGAGGTTGCT。扩增 DNA 片段大小 322 bp。

2. 样品制备

每份脾脏组织样分别从 3 个不同位置取约 1 g 样品。将样品手工剪碎，然后置于研磨器中并加入 1 mL 生理盐水研磨直至无块状物。随后将样品转移至 2.0 mL 灭菌离心管中，以 5000 r/min 离心 10 min，取上清于 2.0 mL 离心管中待用。

3. 病毒 DNA 的提取

（1）取已处理的病毒样品 200 μL，加入 400 μL 裂解液及蛋白酶 K（20 mg/mL），56 ℃水浴 30 min。

（2）取 500 μL 消化产物，加入等体积的 Tris 平衡酚，充分振荡混匀后，反应 10 min，以 5000 r/min 离心 15 min。

（3）将离心后的上层水相转移至新的离心管中，加入适量酚-氯仿-异戊醇混合液（25：24：1）再次进行抽提。

（4）再次将上层水相转移至新的离心管中，加入 1/10 水相体积的醋酸钠（3 mol/L）和 2.5 倍无水乙醇混匀，放置在 – 20 ℃冷冻 1 h 后，取出以 12 000 r/min 离心 10 min。

（5）弃去上清液，加入 70%的乙醇适量，以 12 000 r/min 离心 5 min，并重复此步骤 1 次。

（6）待 DNA 干燥后，加入少量超纯水溶解 DNA。

4. PCR 扩增

（1）PCR 反应体系：

2 × PCR Taq MasterMix	10 μL
PCR Forward Primer（10 μmol/L）	1 μL
PCR Reverse Primer（10 μmol/L）	1 μL
DNA 模板（50 ng/μL）	1 μL
加 ddH_2O 至 20 μL	

（2）PCR 反应条件：将上述混合液涡旋混匀并离心，立即置于 PCR 仪，进行扩增。在 94 ℃ 预变性 5 min，循环扩增阶段：94 ℃ 30 s 变性→53 ℃ 30 s 退火→72 ℃ 30 s 延伸，循环 35 次，最后在 72 ℃ 保温 5 min 终末延伸。扩增反应结束后，PCR 产物放置于 4 ℃ 待电泳检测或 – 20 ℃ 长期保存。

5. 琼脂糖凝胶电泳

（1）取 10 × TBE 缓冲液 100 mL，加入双蒸水 900 mL 稀释至 1 × TBE 工作液备用。

（2）配制 1.5%的琼脂糖凝胶，加热溶解后稍微冷却，加入 DNA 染色液，然后倒入插有 20 μL 孔径梳子的制胶板中，等待冷却凝固。

（3）将胶板放入电泳槽（上样孔在负极），20 μL PCR 产物点样于上样孔中，并点片段大小合适的 DNA marker 作为参照。以 120 V 的电压于 1 × TBE 工作液中电泳，待溴酚蓝指示剂电泳至凝胶中下部时结束电泳，并在紫外凝胶成像系统上检测结果。

6. 猪细小病毒的 PCR 敏感性测定

为了保证 PCR 检测的准确性，应做敏感性检测。方法：首先需要测定提取病毒 DNA 模板的核酸浓度，并用超纯水进行 10 倍稀释，得到一系列不同浓度的 DNA 模板。然后，取 1 μL

稀释后的 DNA 模板作为 PCR 反应的模板，进行 PCR 扩增，凝胶电泳成像，根据条带的有无判断该法的检测敏感性。

任务二

RNA 病毒的 PCR 检测技术

反转录-聚合酶链反应（Reverse Transcription-Polymerase Chain Reaction，RT-PCR），是一种能够高效、敏感地从细胞 RNA 中扩增 cDNA 序列的技术。这种方法显著提高了 RNA 检测的灵敏性，可以对微量 RNA 样品进行分析，为研究和诊断提供了重要的工具。

实验一　鸡传染性支气管炎 RT-PCR 诊断实验

一、实验简介

鸡传染性支气管炎（Avian Infectious Bronchitis，AIB）是由鸡传染性支气管炎病毒（Infectious BronchitisVirus，IBV）引起的一种急性、高度接触传染性、病毒性呼吸道疾病。IB 在全球范围内广泛流行，给养禽业造成了巨大的经济损失。IBV 属于冠状病毒科，其血清型多变，致病性复杂。除了常规的病毒分离和血清学诊断反应外，分子生物技术在 IB 的病原检测和鉴别诊断中得到了广泛应用，其中最常见的是反转录 PCR 技术（RT-PCR）。由于 IBV 属于 RNA 病毒，因此需要提取病毒 RNA，经反转录合成 cDNA，再以 cDNA 为模板进行 PCR 扩增，最终获得目的基因或检测基因表达，以判断样品是否受到 RNA 病毒的感染。RT-PCR 技术显著提高了 RNA 检测的灵敏性，使得对微量 RNA 样品进行分析成为可能。

二、实验原理

1. 病毒 RNA 的提取

TRIZOL 试剂的主要成分是异硫氰酸胍和苯酚。异硫氰酸胍具有分解细胞的能力，它可以将 RNA 与蛋白质分开，并将 RNA 释放到溶液中。当氯仿被加入后，酸性苯酚有能力让 RNA 进入水相中，经过离心处理后，会形成水相层和有机层，从而实现 RNA 与有机相中的蛋白质和 DNA 的分离。水相层是无色的，主要包含 RNA，而有机层是黄色的，主要包含 DNA 和蛋白质。

2. RNA 反转录

cDNA 第一链的合成需要依赖于 RNA 的 DNA 聚合酶（反转录酶）。目前市售的反转录酶包括禽类成髓细胞病毒（AMV）逆转录酶和鼠白血病病毒（MLV）反转录酶。AMV 和

MLV 反转录酶需要引物来启动 cDNA 的合成。常用的引物包括随机引物、通用引物（oligo（dT））和特异性引物。随机引物和通用引物序列简单且已商品化。而特异性引物需要根据实验中的特异基因进行设计。

三、实验材料

1. 主要实验设备

PCR 仪、高速冷冻离心机、掌上离心机、移液器、电子天平、－20 ℃冰箱、生物安全柜、水浴锅、匀浆机。

2. 实验试剂与器材

Trizol LS®Reagent（Invitrogen）、RNase-Inhibitor、乙醇、DEPC、氯仿、异丙醇、RNase-free water、cDNA 第一链合成试剂盒（北京 NEB）、10 × TBE 缓冲液、DNA 聚合酶（或 PCR MIX）、琼脂糖、DNA Marker。

眼科剪、眼科镊、计时器、不同规格移液器吸头（RNase-free）、1.5 mL 离心管（RNase-free）、200 μL PCR 管、1000 mL 量筒、250 mL 锥形瓶。

四、实验方法与步骤

1. 样品处理

血清/组织液等生物液体：取 250 μL 样品并加入 750 μL Trizol LS®Reagent，充分混匀。

组织样品：称取 50 ~ 100 mg 组织，加入 750 μL Trizol LS®Reagent，匀浆。

2. 病毒 RNA 提取液制备

（1）将处理后样品于室温静置 5 min，促使核蛋白体完全解离。

（2）加入氯仿 200 μL，盖牢盖子，剧烈摇动离心管，混匀 15 s。

（3）室温静置 2 ~ 15 min。

（4）在 4 ℃以 12 000 × *g* 离心 15 min。

（5）离心后取上层水相转移至新的 1.5 mL 离心管中，待进行 RNA 提取。

3. 病毒 RNA 提取

（1）向 RNA 提取液中加 0.5 mL 异丙醇，静置于室温 10 min。

（2）以 12 000 × *g* 的速度，在 4 ℃条件下离心 10 min 以沉淀 RNA。

（3）小心去除上清液，加入 1 mL75%乙醇，轻轻振荡混合，用于洗涤 RNA。

（4）以 7 500 × *g* 的速度，在 4 ℃条件下离心 5 min，去除上清液。

（5）通风干燥 RNA 5 ~ 10 min（注意：勿让 RNA 完全干燥，因为会造成下一步 RNA 溶解不完全）。

（6）加入 RNase-free water 20 ~ 50 μL，用移液器上下吹打溶解 RNA。

（7）在 55 ~ 60 ℃水浴孵育 10 ~ 15 min

（8）进行 RNA 反转录，或－70 ℃保存。

4. cDNA 的合成

（1）RNA 浓度的测定：用超微量分光光度计进行检测。样品 RNA A260/280 和 A260/230 比值分别介于 1.8 ~ 2.0，2.0 ~ 2.3。

（2）RNA 完整性检测：取 2 μL 总 RNA 提取液，使用 1.5%琼脂糖凝胶电泳，可观察到完整的 RNA 有 28S、18S、5S 三条带。

（3）准备反应混合物：取灭菌的无 RNA 酶的 EP 管，加入 1 μg RNA 模板和 2 μL d（T）23 VN（50 μmol/L）引物，再加入适量 DEPC 水至 8 μL。

（4）热处理：离心后，在 65 ℃条件下处理 5 min，然后迅速置于冰上冷却。

（5）添加反应液：加入 10 μL 2 × 反应缓冲液，2 μL 10 × 酶（MLV）混合液，然后离心。

（6）42 ℃ 孵育 1 h，如果加随机引物需在 25 ℃ 孵育 5 min 然后在 42 ℃ 孵育 1 h。

（7）80 ℃ 孵育 5 min。cDNA 产物 – 20 ℃ 保存备用，或加 30 mL DEPC 水稀释至 50 μL 用于 PCR。

5. PCR 扩增

（1）PCR 反应体系：

2 × PCR Taq MasterMix	10 μL
PCR Forward Primer（10 μmol/L）	1 μL
PCR Reverse Primer（10 μmol/L）	1 μL
DNA 模板（50 ng/μL）	1 μL
加 ddH_2O 至 20 μL	

（2）PCR 反应条件：将上述混合液涡旋混匀并离心，立即置于 PCR 仪，进行扩增。在 94 ℃ 预变性 5 min，循环扩增阶段：94 ℃ 30 s 变性→52 ℃ 30 s 退火→72 ℃ 30 s 延伸，循环 35 次，最后在 72 ℃ 保温 5 min 终末延伸。扩增反应结束后，PCR 产物放置于 4 ℃ 待电泳检测或 – 20 ℃长期保存。

6. 琼脂糖凝胶电泳

（1）取 10 × TBE 缓冲液 100 mL，加入双蒸水 900 mL 稀释至 1 × TBE 工作液备用。

（2）配制 1.5%的琼脂糖凝胶，加热溶解后稍微冷却，加入 DNA 染色液，然后倒入插有 20 μL 孔径梳子的制胶板中，等待冷却凝固。

（3）将胶板放入电泳槽（上样孔在负极），20 μL PCR 产物点样于上样孔中，并点片段大小合适的 DNA marker 作为参照。以 120 V 的电压于 1 × TBE 工作液中电泳，待溴酚蓝指示剂电泳至凝胶中下部时结束电泳，并在紫外凝胶成像系统上检测结果。

五、注意事项

（1）在实验过程中要防止 RNA 的降解，保持 RNA 的完整性，待测样品收集后立即保存在 – 70 ℃。在总 RNA 的提取过程中，需要注意避免 mRNA 的断裂。

（2）必须设置阴性对照，以防止非特异性扩增。

（3）在 RNA 提取过程中，不要试图吸取所有上层水相，吸取时一定要小心不要吸入中间及下层液体，保证提取 RNA 质量。

（4）为防止 DNA 污染，对 RNA 样品进行 DNA 酶处理。在可能的情况下，将 PCR 引物置于基因的不同外显子，以消除基因和 mRNA 的共线性。

任务三 荧光定量 PCR 检测技术

荧光定量 PCR（Real Time Fluores-cence Quantitative PCR，RTFQ PCR）是一种通过使用荧光染料或荧光标记的特异性探针来对 PCR 产物进行标记和追踪的技术，它能够实时在线监控反应过程。结合相关软件，可以对产物进行分析，并计算待测样品模板的初始浓度。这项技术极大地简化了定量检测的步骤，实现了绝对的定量。它具有快速反应、良好的重复性、高灵敏度、强特异性和清晰的结果，并在医学检验的各个领域得到广泛应用。

实验一　猪瘟病毒核酸荧光定量 PCR 诊断试验

一、实验简介

猪瘟是一种由猪瘟病毒（Classical Swine Fever Virus，CSFV）触发的急性、高度传染性的疾病，其主要的传播途径是通过呼吸系统和消化系统。这一疾病的传播迅速，其发病和死亡率都相当高，为全球的养猪产业带来了沉重的经济打击。猪瘟已被世界动物卫生组织（OIE）认定为一种必须上报的动物传染性疾病，同时，我国农业农村部也已将其分类为一类动物疫病，它是给我国的养猪产业带来重大威胁的疾病之一。为了能够有效地预防和控制猪瘟的暴发，建立一个快速且准确的诊断手段变得尤其关键。现阶段，实验室的诊断手段涵盖了病毒隔离、血清学的检测、血清中和实验、酶联免疫吸附试验（ELISA）、反转录 PCR（RT-PCR）技术以及荧光定量 PCR 技术等。其中，应用最广最重要的是病毒分离鉴定和血清学检测。荧光定量 PCR 因其高度的特异性、精确的定量能力和避免使用 PCR 扩增平台的优势，已被广泛应用于病毒核酸的定量研究中。本实验详细描述了荧光定量 PCR 技术在猪瘟病毒诊断中的实际应用。

二、实验原理

猪瘟病毒属于黄病毒科（Flaviviridae）瘟病毒属（*Pestivirus*），是有囊膜的正链 RNA 病毒。为了诊断 CSFV，可以通过提取 RNA 病毒，将其反转录为 cDNA，然后利用荧光定量 PCR 进行检测。若检测样本的 CT 值小于等于 35，并且扩增曲线显示明显的指数增长期，就可以判定为阳性。当检测样本的 CT 值大于 35 且小于 40 时，将进行重复检测。如果重复检测的 CT 值仍处于 35 ~ 40 内，并且扩增曲线显示明显的指数增长期，就可以判定为阳性；否则判定为阴性。若无法检测到样本的 CT 值，或者 CT 值在 40 及以上，就可以判定为阴性。

三、实验材料

1. 主要实验设备

荧光定量 PCR 仪、高速冷冻离心机、掌上离心机、移液器、电子天平、－20 ℃冰箱、生物安全柜、水浴锅、匀浆机。

2. 实验试剂与器材

Trizol LS®Reagent（Invitrogen）、RNase-Inhibitor、乙醇、DEPC、氯仿、异丙醇、RNase-free water、cDNA 第一链合成试剂盒（北京 NEB）、DNA 聚合酶（南京诺唯赞生物科技有限公司）。

PCR 八联管、手术剪、镊子、计时器、不同规格移液器吸头（RNase-free）、1.5 mL 离心管（RNase-free）。

四、实验方法与步骤

1. 引物设计

使用 GenBank 中登录的 CSFV 的 NS2 基因序列为参考进行引物设计。本实验引物参考《猪瘟病毒实时定量 PCR 检测方法的建立及初步应用》（程敏，2012）中的引物。上游引物（F）：GATCCTCATACTGCCCACTTAC，下游引物（R）：GTATACCCCTTCACCAGCTTG。扩增 DNA 片段大小 151 bp。

2. 样品处理

取个体肺、淋巴结或者脾脏等组织样品：称取 50～100 mg 组织，加入 750 μL Trizol LS®Reagent，匀浆。

3. 病毒 RNA 提取液制备

（1）将处理后样品于室温静置 5 min，促使核蛋白体完全解离。

（2）加入氯仿 200 μL，盖牢盖子，剧烈摇动离心管，混匀 15 s。

（3）室温静置 2～15 min。

（4）在 4 ℃、以 12 000 × g 离心 15 min。

（5）离心后取上层水相转移至新的 1.5 mL 离心管中，待进行 RNA 提取。

4. 病毒 RNA 提取

（1）向 RNA 提取液中加 0.5 mL 异丙醇，静置于室温 10 min。

（2）以 12 000 × g 的速度，在 4 ℃条件下离心 10 min 以沉淀 RNA。

（3）小心去除上清液，加入 1 mL 75%乙醇，轻轻振荡混合，用于洗涤 RNA。

（4）以 7500 × g 的速度，在 4 ℃条件下离心 5 min，去除上清液。

（5）通风干燥 RNA 5～10 min（注意：勿让 RNA 完全干燥，因为会造成下一步 RNA 溶解不完全）。

（6）加入 RNase-free water 20～50 μL，用移液器上下吹打溶解 RNA。

（7）在 55 ~ 60 ℃水浴孵育 10 ~ 15 min
（8）进行 RNA 反转录，或 – 70 ℃保存。

5. cDNA 的合成

（1）RNA 浓度的测定：用超微量分光光度计进行检测。样品 RNA A260/280 和 A260/230 比值分别介于 1.8 ~ 2.0，2.0 ~ 2.3。

（2）RNA 完整性检测：取 2 μL 总 RNA 提取液，使用 1.5%琼脂糖凝胶电泳，可观察到完整的 RNA 有 28S、18S、5S 三条带。

（3）准备反应混合物：取灭菌的无 RNA 酶的 EP 管，加入 1 μg RNA 模板和 2 μL d（T）23 VN（50 mmol/L）引物，再加入适量 DEPC 水至 8 μL。

（4）热处理：离心后，在 65 ℃条件下处理 5 min，然后迅速置于冰上冷却。

（5）添加反应液：加入 10 μL 2 × 反应缓冲液，2 μL 10 × 酶（MLV）混合液，然后离心。

（6）42 ℃孵育 1 h，如果加随机引物需在 25 ℃孵育 5 min 然后在 42 ℃ 1 h。

（7）80 ℃孵育 5 min。cDNA 产物 – 20 ℃保存备用，或加 30 mLDEPC 水稀释至 50 μL 用于 PCR。

6. 实时荧光定量 PCR

（1）将 Enzyme Mix 在室温下溶解，轻柔地上下颠倒混匀，短暂离心后使用。在使用过程中需注意始终保持避光。

（2）PCR 反应液的制备（在冰上操作）

试剂	用量
2 × Enzyme Mix	10 μL
ddH_2O	7.8 μL
Forward Primer（10 μmol/L）	0.4 μL
Reverse Primer（10 μmol/L）	0.4 μL
ROX	0.4 μL
cDNA	1 μL
总体积	20 μL

（3）对八联管进行短暂离心，以保证反应液均在反应孔的底部。

（4）PCR 扩增：95 ℃ 预变性 5 min，40 个循环：95 ℃ 变性 10 s，57 ℃退火 30 s。溶解曲线分析：60 ~ 95 ℃，温度间隔 0.3 ℃。每个样品重复 3 次。

（5）检测每个样本 CT 值及扩增曲线，判定样品是否感染病毒。

实验二　鸡新城疫病毒荧光定量 PCR 诊断试验

一、实验简介

新城疫（Newcastle Disease,ND）是一种由新城疫病毒（Newcastle Disease Virus，NDV）引起的急性、高度接触性传染病，主要导致消化道、呼吸道和中枢神经细胞损伤。其主要特征包括黏膜及浆膜出血、下痢、呼吸困难和神经紊乱等症状。这种疾病传播速度快，发病率和死亡率有时可高达 100%，给养禽业带来了巨大的经济损失。我国将 NDV 列为一类传染病，是世界动物卫生组织（OIE）规定的家禽 A 类传染病，也是国际动物产品贸易中重点检查的重大动物疫病。新城疫的检测技术包括：病毒分离与鉴定、血清学诊断、电镜检测以及分子生物学诊断方法。分子生物学诊断因具有敏感度高、特异性强、检测迅速等优点，广泛运用于动物疫病诊断和检测。本实验介绍实时荧光定量 PCR 技术在鸡新城疫病毒检测中的运用。

二、实验原理

新城疫病毒属于副黏病毒科的副黏病毒属，其核酸类型为单股负链 RNA 病毒，基因组大小约 15 kb，编码核衣壳蛋白（NP）、磷酸化蛋白（P）、基质蛋白（M）、融合蛋白（F）、血凝素-神经氨酸酶蛋白（HN）和 RNA 依赖性 RNA 聚合酶（L）等 6 种病毒结构蛋白。其中 F 融合蛋白在免疫应答和致病过程中起着重要作用。本研究根据 GenBank 上发表的 F 基因序列，通过多序列比对，找出最为保守的序列区域，设计特异引物。通过提取 RNA 病毒，反转录为 cDNA，以 cDNA 为模板，采用荧光定量 PCR 诊断 NDV。若样本的 CT 值小于等于 35，并且扩增曲线呈现明显的指数增长期，即可判定为阳性。若样本的 CT 值大于 35 且小于 40，将进行重复检测，如果再次检测的 CT 值仍处于 35 ~ 40 内，并且扩增曲线呈现明显的指数增长期，也可判定为阳性；否则判定为阴性。若样本的 CT 值检测不到，或者在 40 及以上，判定为阴性。

三、实验材料

1. 主要实验设备

荧光定量 PCR 仪、高速冷冻离心机、掌上离心机、移液器、电子天平、－20 ℃冰箱、生物安全柜、水浴锅、匀浆机。

2. 实验试剂与器材

Trizol LS®Reagent（Invitrogen）、RNase-Inhibitor、乙醇、DEPC、氯仿、异丙醇、Rnase-free water、cDNA 第一链合成试剂盒（北京 NEB）、DNA 聚合酶（南京诺唯赞生物科技有限公司）。

PCR 八联管、手术剪、镊子、计时器、不同规格移液器吸头（RNase-free）、1.5 mL 离心管（RNase-free）。

四、实验方法与步骤

1. 引物设计

可根据 GenBank 中登录的 NDV 的 F 基因序列设计引物。本实验引物参考陈贤德（2013）的《鸡新城疫病毒 RT-PCR 检测方法的建立及应用》中的引物。上游引物（F）：AGGGATTGTGGTAACAGGAGA，下游引物（R）：GTCACAGACTCTTGTATCCTA。扩增 DNA 片段大小 201 bp。

2. 样品处理

取个体肺、淋巴结或者脾脏等组织样品：称取 50 ~ 100 mg 组织，加入 750 μL Trizol LS®Reagent，匀浆。

3. 病毒 RNA 提取液制备

（1）将处理后样品于室温静置 5 min，促使核蛋白体完全解离。

（2）加入氯仿 200 μL，盖牢盖子，剧烈摇动离心管，混匀 15 s。

（3）室温静置 2 ~ 15 min。

（4）在 4 ℃、以 12 000 × *g* 离心 15 min。

（5）离心后取上层水相转移至新的 1.5 mL 离心管中，待进行 RNA 提取。

4. 病毒 RNA 提取

（1）向 RNA 提取液中加 0.5 mL 异丙醇，静置于室温 10 min。

（2）以 12 000 × *g* 的速度，在 4 ℃条件下离心 10 min 以沉淀 RNA。

（3）小心去除上清液，加入 1 mL 75%乙醇，轻轻振荡混合，用于洗涤 RNA。

（4）以 7500 × *g* 的速度，在 4 ℃条件下离心 5 min，去除上清液。

（5）通风干燥 RNA 5 ~ 10 min（注意：勿让 RNA 完全干燥，因为会造成下一步 RNA 溶解不完全）。

（6）加入 RNase-free water 20 ~ 50 μL，用移液器上下吹打溶解 RNA。

（7）在 55 ~ 60 ℃水浴孵育 10 ~ 15 min

（8）进行 RNA 反转录，或 – 70 ℃保存。

5. cDNA 的合成

（1）RNA 浓度的测定：用超微量分光光度计进行检测。样品 RNA A260/280 和 A260/230 比值分别介于 1.8 ~ 2.0，2.0 ~ 2.3。

（2）RNA 完整性检测：取 2 μL 总 RNA 提取液，使用 1.5%琼脂糖凝胶电泳，可观察到完整的 RNA 有 28S、18S、5S 三条带。

（3）准备反应混合物：取灭菌的无 RNA 酶的 EP 管，加入 1 μg RNA 模板和 2 μL d（T）23 VN（50 mmol/L）引物，再加入适量 DEPC 水至 8 μL。

（4）热处理：离心后，在 65 ℃条件下处理 5 min，然后迅速置于冰上冷却。

（5）添加反应液：加入 10 μL 2 × 反应缓冲液，2 μL 10 × 酶（MLV）混合液，然后离心。

（6）42 ℃孵育 1 h，如果加随机引物需在 25 ℃孵育 5 min，然后在 42 ℃孵育 1 h。

（7）80 ℃孵育 5 min。cDNA 产物 – 20 ℃保存备用，或加 30 mL DEPC 水稀释至 50 μL 用于 PCR。

6. 实时荧光定量 PCR

（1）将 Enzyme Mix 在室温下溶解，轻柔地上下颠倒混匀，短暂离心后使用。在使用过程中需注意始终保持避光。

（2）PCR 反应液的制备（在冰上操作）

试剂	用量
2 × Enzyme Mix	10 μL
ddH_2O	7.8 μL
Forward Primer（10 μmol/L）	0.4 μL
Reverse Primer（10 μmol/L）	0.4 μL
ROX	0.4 μL
cDNA	1 μL
总体积	20 μL

（3）对八联管进行短暂离心，以保证反应液均在反应孔的底部。

（4）PCR 扩增反应：95 ℃ 预变性 5 min，40 个循环：95 ℃ 变性 10 s，59 ℃ 退火 30 s。熔解曲线分析：60 ~ 95 ℃，温度间隔 0.3 ℃。每个样品重复 3 次。

（5）检测每个样本 CT 值及扩增曲线，判定样品是否感染病毒。

实验三　猪蓝耳病病毒核酸荧光定量 PCR 检测实验

一、实验简介

猪蓝耳病是一种高度传染性疾病，由猪繁殖与呼吸综合征（Porcine Reproductive and Respiratory Syndrome，PRRS）病毒引起。被感染的猪可能会出现体温升高、食欲减退等症状，同时妊娠母猪在晚期可能会经历流产、早产、死胎、弱胎和木乃伊胎等问题。此外，不同年龄段的猪（特别是仔猪）也可能出现呼吸困难，这些都给养猪行业带来了巨大的挑战。PRRS 病毒是单股正链 RNA 病毒，传统诊断依据包括病猪的临床症状、血清学、组织病理学及病毒分离等，随着分子生物学技术的发展，PRRS 病毒的分子生物学诊断方法不断完善，主要包括普通 RT-PCR 和实时荧光 RT-PCR 技术。其中实时荧光 RT-PCR 技术以其特异性强、快速、准确的优点，在高致病性猪蓝耳病的检测上得到了广泛应用。本实验主要介绍实时荧光 RT-PCR 实验原理及其实验操作。

二、实验原理

实时荧光 RT-PCR（Real Time-PCR）通过在 PCR 反应中引入荧光基团，实时监测 PCR 过程中的荧光信号，可以对未知模板进行总量或相对定量分析。相比普通 PCR，RT-PCR 是对未经过 PCR 扩增的起始模板量进行定性或定量分析。该技术的荧光扩增曲线包括三个阶段：荧光背景信号阶段、荧光信号指数扩增阶段和平台期。在荧光信号指数扩增阶段，PCR 产物量与起始模板量呈线性关系，可用于定量分析，计算起始 DNA 拷贝数。实时荧光 RT-PCR 技术在荧光扩增曲线指数扩增阶段人为设定的一个值，即荧光阈值，它可以设定在荧光信号指数扩增阶段任意位置上。PCR 扩增过程中扩增产物的荧光信号到达设定的荧光阈值时所经历的循环数，被称为 CT 值。

对于 PRRS 病毒的检测，通过对病毒 RNA 提取，反转录制备 RT-PCR 扩增模板，最终可以依据 CT 值范围判定感染情况。若样本 CT 值小于等于 35 且扩增曲线呈现明显的指数增长期，则可判定为阳性。若样本 CT 值大于 35 且小于 40，重复 1 次，若再次检测的 CT 值仍处于 35 ~ 40 内，并且扩增曲线呈现指数增长期，也可判定为阳性；否则判定为阴性。若样本的 CT 值检测不到或者在 40 及以上，判定为阴性。

三、实验材料

1. 主要实验设备

荧光定量 PCR 仪、高速冷冻离心机、掌上离心机、移液器、电子天平、－20 ℃冰箱、生物安全柜、水浴锅、匀浆机。

2. 实验试剂与器材

Trizol LS®Reagent（Invitrogen）、RNase-Inhibitor、乙醇、DEPC、氯仿、异丙醇、RNase-free water、cDNA 第一链合成试剂盒（北京 NEB）、DNA 聚合酶（南京诺唯赞生物科技有限公司）。

PCR 八联管、手术剪、镊子、计时器、不同规格移液器吸头（RNase-free）、1.5 mL 离心管（RNase-free）。

四、实验方法与步骤

1. 样品处理

血清/组织液等生物液体：取 250 μL 样品并加入 750 μL Trizol LS®Reagent，充分混匀。

组织样品：称取 50 ~ 100 mg 组织，加入 750 μL Trizol LS®Reagent，匀浆。

2. 病毒 RNA 提取液制备

（1）将处理后样品于室温静置 5 min，促使核蛋白体完全解离。

（2）加入氯仿 200 μL，盖牢盖子，剧烈摇动离心管，混匀 15 s。

（3）室温静置 2 ~ 15 min。

（4）在 4 ℃以 12 000 × g 离心 15 min。

（5）离心后取上层水相转移至新的 1.5 mL 离心管中，待进行 RNA 提取。

3. 病毒 RNA 提取

（1）向 RNA 提取液中加 0.5 mL 异丙醇，静置于室温 10 min。

（2）以 12 000 × g 的速度，在 4 ℃条件下离心 10 min 以沉淀 RNA。

（3）小心去除上清液，加入 1 mL 75%乙醇，轻轻振荡混合，用于洗涤 RNA。

（4）以 7500 × g 的速度，在 4 ℃条件下离心 5 min，去除上清液。

（5）通风干燥 RNA 5 ~ 10 min（注意：勿让 RNA 完全干燥，因为会造成下一步 RNA 溶解不完全）。

（6）加入 RNase-free water 20 ~ 50 μL，用移液器上下吹打溶解 RNA。

（7）在 55 ~ 60 ℃水浴孵育 10 ~ 15 min

（8）进行 RNA 反转录，或－70 ℃保存。

4. cDNA 的合成

（1）RNA 浓度的测定：用超微量分光光度计进行检测。样品 RNA A260/280 和 A260/230 比值分别介于 1.8 ~ 2.0，2.0 ~ 2.3。

（2）RNA 完整性检测：取 2 μL 总 RNA 提取液，用 1.5%琼脂糖凝胶进行电泳，完整的 RNA 可见到 28S、18S、5S 三条带。

（3）取灭菌的无 RNA 酶的 EP 管，加入 1 μg RNA 模板和 2 μL d（T）23 VN（50 mmol/L）引物，再加入适量 DEPC 水至 8 μL。

（4）离心后，在 65 ℃条件下处理 5 min，然后迅速置于冰上冷却。

（5）加入 10 μL 2 × 反应缓冲液，2 μL 10 × 酶（MLV）混合液，然后离心。

（6）42 ℃孵育 1 h，如果加随机引物需在 25 ℃孵育 5 min 然后在 42 ℃ 孵育 1 h。

（7）80 ℃孵育 5 min。cDNA 产物 – 20 ℃保存备用，或加 30 mL DEPC 水稀释至 50 μL 用于 PCR。

5. 实时荧光定量 PCR

（1）将 Enzyme Mix 在室温下溶解，轻柔地上下颠倒混匀，短暂离心后使用。在使用过程中需注意始终保持避光。

（2）PCR 反应液的制备（在冰上操作）

试剂	用量
2 × Enzyme Mix	10 μL
ddH_2O	7.8 μL
Forward Primer（10 μmol/L）	0.4 μL
Reverse Primer（10 μmol/L）	0.4 μL
ROX	0.4 μL
cDNA	1 μL
总体积	20 μL

（3）对八联管进行短暂离心，以保证反应液均在反应孔的底部。

（4）PCR 扩增：95 ℃ 预变性 5 min，40 个循环：95 ℃ 变性 10 s，55 ℃ 退火 30 s。溶解曲线分析：60 ~ 95 ℃，温度间隔 0.3 ℃。每个样品重复 3 次。

（5）检测每个样本 CT 值及扩增曲线，判定样品是否感染病毒。

五、注意事项

（1）实时荧光定量 PCR 试剂中含有荧光探针，应避光保存，在加样过程中也应避光加样。

（2）内参的设定：旨在避免 RNA 定量误差、加样误差以及不同 PCR 反应体系中扩增效率不均一和孔间温度差等因素引起的误差。常用的内参包括 GAPDH（3-磷酸甘油醛脱氢酶）和 β-Actin（β-肌动蛋白）等。

（3）PCR 在扩增过程中不能进入平台期。PCR 的平台效应与目的基因的长度、序列、二级结构以及目标 DNA 起始的数量有关，因此需要通过单独实验来确定每个目标序列出现平台效应的循环数。

任务四

核酸探针在动物疫病检测中的应用

一、实验简介

核酸探针技术在分子生物学领域是一种广泛应用的方法，主要用于对特定的 RNA 或 DNA 序列进行定性或定量检测。核酸探针具有灵敏度高、特异性强、操作简便等特点。该技术能够识别特定的病原微生物，区分与之紧密关联的毒株和寄生虫，已应用于各种常见病毒病的诊断和研究。动物疫病检测中，核酸探针技术已应用于猪禽流感病毒、猪细小病毒、鸡传染性支气管炎病毒、禽偏肺病毒等病原微生物的检测和诊断。但该项技术的探针制备和杂交检测程序较复杂，对实验技术人员操作水平要求较高，在动物检疫中尚未推广，主要用于实验室对病原进行深入研究。本实验以核酸探针在猪流感病毒检测上的应用为例，介绍了该技术的方法原理。

二、实验原理

核酸探针技术原理基于碱基互补配对原则，当将不同来源的核酸分子进行混合后，在经历热变性和冷却复性的过程中，具有相同序列的异源核酸分子会产生杂交核酸分子。核酸探针实际上是一个带有特定标记的已知序列的核酸片段，它可以跟与其相对应的核酸序列进行杂交，并通过核酸探针上的特定标记来展示其检测成果。核酸探针与互补链之间的识别功能是通过大量的结合位点之间的氢键作用力和碱基的专一配对作用来实现的，这使得它具有非常高的特异性。每一种病原体都拥有其特有的核酸片段，只需对这些片段进行分离和标记，就可以制作出用于疾病诊断等相关研究的探针（参见图 4-1）。

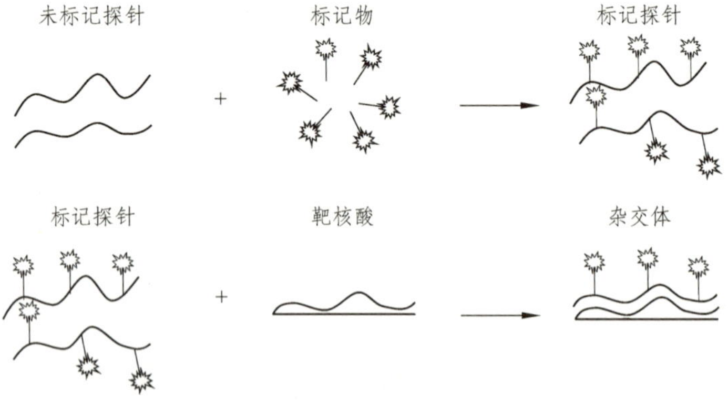

图 4-1　核酸探针检测原理

核酸探针有多种类型，包括 DNA 探针、RNA 探针、cDNA 探针以及人造的寡核苷酸探针等。在标记技术上，放射性同位素的标记方法已经被非放射性标记试剂所替代，这些非放射性标记试剂包括金属、荧光染料、地高辛半抗原、生物素以及酶等。

核酸探针的斑点杂交过程包括将样品中核酸提取出来，处理成单链后与核酸探针结合，最后用放射自显影进行显示。阳性结果表示核酸探针与被检样品形成杂交双链，而阴性结果表示样品没有与核酸探针互补的序列。

三、实验材料

1. 主要实验设备

PCR 仪、电泳仪、高速冷冻离心机、凝胶成像系统、掌上离心机、移液器、电子天平、微波炉、－20 ℃冰箱、水浴锅、医用净化工作台、摇床。

2. 实验试剂与器材

Trizol LS®Reagent（Invitrogen）、RNase-Inhibitor、乙醇、DEPC、氯仿、异丙醇、RNase-free water、cDNA 第一链合成试剂盒（北京 NEB）、DNA 聚合酶，琼脂糖、DNA Marker、10×TBE 缓冲液、胶回收试剂盒、pEASY-T3 cloning Vector、LB 液体和固体培养基、DIG-High Prime DNA Label ing and Detection Starter Kit Ⅰ试剂盒（Roche）、NC 膜、杂交袋、鲑鱼精 DNA。

PCR 管、眼科剪、眼科镊、烧杯、计时器、不同规格移液器吸头（RNase-free）、1.5 mL 离心管（RNase-free）。

四、实验方法与步骤

1. 样品处理

血清/组织液等生物液体：取 250 μL 样品并加入 750 μL Trizol LS®Reagent，充分混匀。

组织样品：称取 50～100 mg 组织，加入 750 μL Trizol LS®Reagent，匀浆。

2. 病毒 RNA 提取液制备

（1）将处理后样品于室温静置 5 min，促使核蛋白体完全解离。

（2）加入氯仿 200 μL，盖牢盖子，剧烈摇动离心管，混匀 15 s。

（3）室温静置 2～15 min。

（4）在 4 ℃以 12 000×*g* 离心 15 min。

（5）离心后取上层水相转移至新的 1.5 mL 离心管中，待进行 RNA 提取。

3. 病毒 RNA 提取

（1）向 RNA 提取液中加 0.5 mL 异丙醇，静置于室温 10 min。

（2）以 12 000×*g* 的速度，在 4 ℃条件下离心 10 min 以沉淀 RNA。

（3）小心去除上清液，加入 1 mL75%乙醇，轻轻振荡混合，用于洗涤 RNA。

（4）7500×*g*，4 ℃离心 5 min，移除上清液。

（5）通风干燥 RNA 5～10 min（注意：勿让 RNA 完全干燥，因为会造成下一步 RNA 溶解不完全）。

（6）加入 RNase-free water 20～50 μL，用移液器上下吹打溶解 RNA。

（7）在 55～60 ℃水浴孵育 10～15 min

（8）进行 RNA 反转录，或－70 ℃保存。

4. cDNA 的合成

（1）RNA 浓度的测定：用超微量分光光度计进行检测。样品 RNA A260/280 和 A260/230 比值分别介于 1.8～2.0，2.0～2.3。

（2）RNA 完整性检测：取 2 μL 总 RNA 提取液，用 1.5%琼脂糖凝胶进行电泳，完整的 RNA 可见到 28S、18S、5S 三条带。

（3）取灭菌的无 RNA 酶的 EP 管，加入 1 μg RNA 模板和 2 μL d（T）23 VN（50 mmol/L）引物，再加入适量 DEPC 水至 8 μL。

（4）离心后，在 65 ℃条件下处理 5 min，然后迅速置于冰上冷却。

（5）加入 10 μL 2×反应缓冲液，2 μL 10×酶（MLV）混合液，然后离心。

（6）42 ℃ 孵育 1 h，如果加随机引物需在 25 ℃ 孵育 5 min，然后在 42 ℃ 孵育 1 h。

（7）80 ℃ 孵育 5 min。cDNA 产物－20 ℃ 保存备用，或加 30 mLDEPC 水稀释至 50 μL 用于 PCR。

（8）PCR 反应：引物参考吕翠等（2009）发表的《猪流感病毒 M 基因核酸探针的制备与应用》中的引物。

2×PCR Taq MasterMix	10 μL
PCR Forward Primer（10 μmol/L）	1 μL
PCR Reverse Primer（10 μmol/L）	1 μL
DNA 模板（50 ng/μL）	1 μL
加 ddH_2O 至 20 μL	

PCR 反应条件：将上述混合液涡旋混匀并离心，立即置于 PCR 仪，进行扩增。在 94 ℃ 预变性 5 min，循环扩增阶段：94 ℃ 30 s 变性→55 ℃ 30 s 退火→72 ℃ 30 s 延伸，循环 35 次，最后在 72 ℃ 保温 5 min 终末延伸。扩增反应完成后，PCR 产物放置于 4 ℃ 待电泳检测或置于－20 ℃ 条件下进行长期保存。

5. RT-PCR 扩增产物的克隆和序列测定

（1）使用琼脂糖凝胶电泳分离 RT-PCR 扩增产物，并在紫外灯下切取特异性条带，随后使用 Omega 凝胶回收试剂盒回收目的片段 PCR 产物。

（2）目的片段与载体连接

凝胶回收的 PCR 产物与 pEASY-T3 cloning Vector 连接反应。

① 反应体系 5 μL（200 μL EP 管中进行）：1 μL pEASY-T3 cloning Vector、2～4 μL 产物 DNA，ddH_2O 补足至 5 μL（插入片段 DNA 最佳量为载体与片段物质的量之比 1∶7）。

② 在 25 ℃下反应 10～20 min（根据片段大小确定适宜的时间：0.1～1 kb，5～10 min；1～2 kb，10～15 min；2～3 kb，15～20 min）。

（3）重组质粒转化到感受态细胞及克隆扩培

① 在超净台中，将 IPTG（终浓度 0.5 mmol/L）和 X-Gal（终浓度 80 μg/mL）涂于 LB

平板培养基上，37 ℃吸收 30 min。

② 于 – 70 ℃取出 DH5a 感受态细胞，冰浴融化约 30 min。

③ 在超净台内，向 100 μL 感受态细胞中缓慢加入 5 μL 连接产物，并轻柔转动以混匀，随后冰浴 30 min。

④ 置于 42 ℃水浴，热激反应 30 s，随后立即转入冰浴 2 min（轻拿轻放，防止震动）。

⑤ 于上述菌液中加入 500 μL 平衡至室温的 SOC，于摇床中 200 r/min 37 ℃孵育 1 h。

⑥ 于超净台中吸取 200 μL 菌液涂在含 IPTG 和 X-gal 的 LB/Amp+平板培养基上，培养箱中 37 ℃过夜培养（16 ~ 18 h），至形成光滑单一的菌落。

⑦ 观察菌落生长情况，挑取白色菌落，置于 2 mL LB/Amp+培养基中，37 ℃中振荡培养 8 h。

（4）PCR 检测及测序

根据菌液 PCR 检测 TA 克隆结果，选取阳性克隆菌液进行测序。通过 DNAStar 软件包和 DNAMAN 软件进行核苷酸序列的比对分析。

6. 探针的制备

（1）采用胶回收试剂盒回收 PCR 扩增的产物，并对这些回收产物的浓度进行测定。

（2）在反应管内加入 1 μg 模板 DNA（线性或者超螺旋）以及无菌的双蒸水，从而使得整个反应体系的最终体积为 16 μL。

（3）取 4 μL 充分混合的 DIG-High Prime 加入变性 DNA 中，混匀后简单离心，置于 37 ℃下，孵育 1 h 或者孵育过夜。

（4）加入 2 μL 0.2 mol/L EDTA（pH 8.0）终止反应。制备的探针贮存于 – 30 ℃备用。

7. 杂交检测

（1）准备 NC 膜，剪成适宜大小，做好顺序标记，铅笔打孔后浸泡于无菌双蒸水和 2 × SSC 中，晾干备用。

（2）将样品煮沸后保持 10 min，然后立即转入冰水浴 2 ~ 3 min，将充分变性后的模板 DNA 点在 NC 膜上的小孔内，每孔 1 μL。

（3）晾至样品自然吸收后，将膜置于烘箱 120 ℃烘 30 min 使 DNA 固定。

（4）预热杂交缓冲液至杂交温度，将（3）中准备好的膜放入预热好的杂交液中，37 ~ 42 ℃温度下振荡 30 min 进行预杂交。

（5）倒出预杂交液，将膜放入杂交袋中，并加入变性地高辛标记的 DNA 探针杂交液进行杂交。去除气泡，用封口仪密封后，温和振荡孵育 4 h 或延长孵育至过夜。

（6）杂交结束后，回收杂交液，置于 – 20 ℃下保存。

（7）用适量 2 × SSC 和 0.1% SDS 振荡洗涤，连续 2 次，每次 5 min。

（8）用提前预热到洗涤温度的 0.5 × SSC 和 0.1%SDS 振荡洗涤，连续 2 次，每次 15 min。

（9）用洗涤缓冲液冲洗上一步的膜 1 ~ 5 min，然后在 100 mL 封阻液中孵育 30 min。

（10）继续用 20 mL 抗体溶液孵育 30 min。

（11）取出后用 100 mL 洗涤缓冲液连续洗涤 2 次，每次 15 min。

（12）取出置于检测缓冲液中，平衡 2 ~ 5 min。

（13）使带有 DNA 的一面朝上，均匀地铺平底物，不能有气泡，向膜上加入 2 mL 新鲜配制的底物显色液，保持膜静止，避光，15 ~ 25 ℃孵育，直至出现颜色。

（14）观察到膜上出现斑点时，将膜转入 50 mL TE 缓冲液中浸泡 5 min 以终止反应，拍照并记录结果。

五、注意事项

（1）应进行标记效率的检测，保证实验顺利进行。

（2）回收的含地高辛标记探针的杂交液可以储存在 – 20 ℃，可以反复使用几次（4 ~ 5 次），在每次使用前需要 68 ℃新鲜变性 10 min。

（3）在杂交过程，步骤（8）中一定要预热缓冲液，严谨洗涤，以确保充分破坏同源性较低杂交结合物。

（4）预杂交、杂交和检测过程中任何时候都不要让膜干了，膜干了或者两张膜粘在一起，检测结果会产生高背景。

（5）核酸探针杂交试验，步骤较多且复杂，因此要严格操作程序，每一步实验过程应提前准备。

任务五 基因芯片检测技术

一、实验简介

生物芯片是信息技术和生物技术的有效结合而产生的，包括基因芯片、蛋白质芯片和微缩实验室芯片三大类。基因芯片（Gene Chip，DNA Microarray）是生物芯片的一种，其原理是将大量的 DNA 探针片段固定在载体上，接着与已标记的样本进行杂交，通过对杂交信号的检测，达到对生物样本进行迅速、并行和高效的检测或诊断的目的。基因芯片技术具有高效、高通量和平行化的特点，能够一次完成多种不同疾病多个样品的同时检测。近年基因芯片技术已应用到生命科学的许多领域，如疫病相关基因的发现、动物检疫、食品卫生、新药物的筛选开发以及临床疾病病原体检测和致病机制研究。但基因芯片前期制备和优化过程复杂，成本较高，在具体检测过程中对操作水平和设备要求较高。因此，基因芯片主要应用于人类疫病检测和实验室基础研究，在动物疫病检测未能广泛应用。随着基因芯片技术的持续发展和进步，更多的科技投入将推动基因芯片的标准化和智能化水平提高，从而降低其应用成本。这将使得基因芯片在动物疾病的检测、预防和发病机制研究中起到更加重要的作用。

二、实验原理

基因芯片技术的基本原理是基于检测目的，运用生物信息学和分子生物学技术完成 DNA 探针的设计与合成，将大量的 DNA 探针片段同时固定于载体上（玻璃片、硅片、聚丙烯膜、硝酸纤维素膜），完成基因芯片的制备。将标记的待测样品与制备的基因芯片进行杂交反应，通过激光共聚焦荧光检测系统来分析每个位点杂交信号的有无及强度，进而获得每个样品携带的相关信息，经专用的程序软件分析，得出实验结论。基因芯片一次可分析检测大量的 DNA/RNA 样品，还能进行杂交测序，是一种非常强劲的分析基因序列和基因表达信息的有力工具。本实验以苏霞等（2015）对鸡传染性贫血病病毒（CAV），禽网状内皮增生症病毒（REV），禽白血病病毒禽（ALV）A、C、D 亚群三种疾病的基因芯片检测方法建立的报道为例，阐述基因芯片技术的具体实验操作程序。

三、实验材料

1. 主要实验设备

PCR 仪、电泳仪、高速冷冻离心机、凝胶成像系统、掌上离心机、移液器、电子天平、微波炉、－20 ℃冰箱、水浴锅、医用净化工作台、摇床、芯片点样仪、杂交仪、洗干仪、微阵列芯片扫描仪、烘箱。

2. 实验试剂与器材

Trizol LS®Reagent（Invitrogen）、RNase-Inhibitor、乙醇、DEPC、氯仿、异丙醇、RNase-free water、cDNA 第一链合成试剂盒（北京 NEB）、DNA 聚合酶，琼脂糖、DNA Marker、10 × TBE 缓冲液、胶回收试剂盒、pEASY-T3 cloning Vector、LB 液体和固体培养基、基因芯片点样缓冲液、三种病毒 DNA 模板、芯片点样液。

PCR 管、眼科剪、眼科镊、烧杯、计时器、不同规格移液器吸头（RNase-free）、1.5 mL 离心管（RNase-free），醛基玻片、384 板。

3. 引物设计与合成

根据 NCBI 数据库三种病毒的基因组序列，确定每一种病毒的高度保守区域以及它们的相对特异性区域，将其两端的高度保守序列引入 Primer 5.0 软件进行引物设计。本实验所用引物和探针均引用苏霞等（2015）《鸡传染性贫血病病毒、网状内皮增生症病毒与禽白血病病毒基因芯片检测方法的建立》中的报道（表 4-2）。经过测试和优化的引物，对其下游引物用 Cy3 荧光染料标记。

表 4-2 引物序列

引物名称	引物序列（5′-3′）	靶基因	引物位置	目标片段大小/bp
ALV（A-U）	GGATGAGGTGACTAAGAAAG	*gp85*	5256 ~ 5275	761
ALV（A-L）	CTGTAGCCATATGCACC		6020 ~ 6036	
REV（R-U）	CATACTGAGCCAATGGTT	*LTR*	295 ~ 312	246
REV（R-L）	CTACGGATTCAGTCCGGATC		539 ~ 558	
CLAV（C-U）	ACATACCGGTCGGCAGTAGG	*VP2*	337 ~ 356	428
CLAV（C-L）	AGCTCGCTTACCCTGTACTC		765 ~ 784	

4. 探针的设计与合成

根据 NCBI 数据库三种病毒的基因组序列，确定这几种病毒的保守序列。在这些保守序列内，采用 Array Designer 4 软件设计特异性探针（表 4-3）。

表 4-3　三种病毒的探针序列

探针名称	探针序列（5′-3′）
ALV（A1）	TTTTTTTGTCTCAGAGCGGAGGCATACGGGTTTCTC
ALV（A2）	TTTTGGTTGGTGAGGCTGGGAGACTGGCGGTTTC
ALV（A3）	TTTTGGATGGACTGAGGCTAGACGTTCGGTTCC
ALV（A4）	TTTTTGCTTTCAGATTGGTCAGCTTCCGCAACTCAC
ALV（C）	TTTTGGATGTGTATATTTGTGCCAAAGGGCCAGCTG
ALV（D）	TTTTTTTTGGCCGCAGTAGAGGTGACGTACATCCTC
CIAV（CA1）	TTTTTTTTTTCCGTGCAGTTAGCCTGCGCTTAGCCG
CIAV（CA2）	GGTCGGCAGTAGGTATACGAAGGGTCTCC
CIAV（CA3）	TTTACGTCTCTCGCGCTGTAGTCGTTGACGTTGTAT
REV（R）	TTTTTTTCTTGCGCCATGCTGGTCGCCGCTCTACA

四、实验方法与步骤

1. 样品处理

（1）组织样品的处理

每份组织样分别从 3 个不同位置取约 1 g 样品。将样品手工剪碎，然后置于研磨器中并加入 1 mL 生理盐水研磨直至无块状物。随后将样品转移至 2.0 mL 灭菌离心管中，以 5000 r/min 离心 10 min，取上清于 2.0 mL 离心管中待用。

（2）全血样品的处理

从凝血后的血清中取 500 μL，置于 2.0 mL 离心管中待用。

2. 病毒 DNA 的提取

（1）取已处理的病毒样品 200 μL，加入 400 μL 的裂解液及蛋白酶 K（20 mg/mL），55 ℃消化 2 h。

（2）取 500 μL 的消化产物，加入等体积的 Tris 平衡酚，充分振荡混匀后，反应 10 min，以 5000 r/min 离心 15 min。

（3）将离心后的上层水相转移至新的离心管中，加入适量酚-氯仿-异戊醇混合液（25∶24∶1）再次进行的抽提。

（4）再次将上层水相转移至新的离心管中，加入 1/10 水相体积的醋酸钠（3 mol/L）和 2.5 倍无水乙醇混匀，放置在-20 ℃冷冻 1 h 后，取出以 12 000 r/min 离心 10 min。

（5）弃去上清液，加入 70%的乙醇适量，以 12 000 r/min 离心 5 min，并重复此步骤 1 次。

（6）待 DNA 干燥后，加入少量超纯水溶解 DNA。

3. PCR 扩增反应

（1）PCR 反应体系：

2 × PCR Taq MasterMix	10 μL
PCR Forward Primer（10 μmol/L）	1 μL
PCR Reverse Primer（10 μmol/L）	1 μL
DNA 模板（50 ng/μL）	1 μL
加 ddH_2O 至 20 μL	

（2）PCR 反应条件：将上述混合液涡旋混匀并离心，立即置于 PCR 仪，进行扩增。在 94 ℃ 预变性 5 min，循环扩增阶段：94 ℃ 30 s 变性→X ℃ 30 s 退火（X 指对应引物的退火温度）→72 ℃ 30 s 延伸，循环 35 次，最后在 72 ℃ 保温 5 min 终末延伸。扩增结束后，产物于 4 ℃ 待电泳检测，长期保存需置于 – 20 ℃ 下保存。

4. PCR 扩增产物的克隆和序列测定

（1）经过 PCR 扩增的产物进行琼脂糖凝胶电泳，并在紫外灯下照射。随后，切取特定的条带，并使用 Omega 凝胶回收试剂盒来回收目的片段的 PCR 产物。

（2）目的片段与载体连接

凝胶回收的 PCR 产物与 pEASY-T3 cloning Vector 连接反应。

① 反应体系 5 μL（200 μLEP 管中进行）：1 μL pEASY-T3 cloning Vector、2 ~ 4 μL 产物 DNA，ddH_2O 补足至 5 μL（插入片段 DNA 最佳量为载体与片段物质的量之比 1 ∶ 7）

② 在 25 ℃下反应 10 ~ 20 min（根据片段大小确定适宜的时间：0.1 ~ 1 kb，5 ~ 10 min；1 ~ 2 kb，10 ~ 15 min；2 ~ 3 kb，15 ~ 20 min）。

（3）重组质粒转化到感受态细胞及克隆扩培

① 在超净台中，将 IPTG（终浓度 0.5 mmol/L）和 X-Gal（终浓度 80 μg/mL）涂于 LB 平板培养基上，37 ℃吸收 30 min。

② 于 – 70 ℃取出 DH5a 感受态细胞，冰浴融化约 30 min。

③ 在超净台内，向 100 μL 感受态细胞中缓慢加入 5 μL 连接产物，并轻柔转动以混匀，随后冰浴 30 min。

④ 置于 42 ℃水浴，热激反应 30 s，随后立即转入冰浴 2 min（轻拿轻放，防止震动）。

⑤ 于上述菌液中加入 500 μL 平衡至室温的 SOC，于摇床中 200 r/min，37 ℃孵育 1 h。

⑥ 于超净台中吸取 200 μL 菌液涂在含 IPTG 和 X-gal 的 LB/Amp+平板培养基上，培养箱中 37 ℃过夜培养（16 ~ 18 h），至形成光滑单一的菌落。

⑦ 观察蓝白菌落生长情况，分别挑取白色菌落，至 2 mL LB/Amp+培养基中，37 ℃中振荡培养 8 h。

（4）PCR 检测及测序

根据菌液 PCR 检测 TA 克隆结果，选取阳性克隆菌液进行测序。通过 DNAStar 软件包和 DNAMAN 软件进行核苷酸序列的比对分析。

5. 基因芯片的制备

（1）用双蒸水将探针稀释至 45 mol/L，取 5 L 加入 A384 空板中，与等体积芯片点样液混匀。

（2）用芯片点样仪将 8 条特异性探针、1 条阳性质控探针 P 和 HEX 点样质控探针点于醛基化玻璃基片上。

（3）点样完成后将芯片于 37 ℃湿盒内固定 12 h 以上，使得探针序列 5'端的氨基和载玻片表面的醛基发生希夫碱反应。

（4）固定后的芯片在封闭液中封闭 5 min，用超纯水清洗，离心 5 min 甩干。

6. 芯片的杂交和结果扫描

（1）取 7 μL 荧光标记的 PCR 产物与 8 μL 杂交液混匀，质控探针 1 μL，混匀，95 ℃变性 5 min，立即冰浴 5 min，加入杂交混合液到加样区，使得液体覆盖整个微阵列区域，42 ℃杂交 2 ~ 4 h 或者过夜。

（2）杂交完毕后将芯片取出放入芯片清洗仪进行清洗，具体清洗程序为，42 ℃清洗液（2 × SSC，0.2%SDS）中清洗 2 min，重复 2 次；再将芯片放入 42 ℃清洗液（0.2 × SSC）中清洗 2 min，重复 3 次，最后 1000 r/min 离心 5 min，甩干。

（3）清洗完成后将芯片放入微阵列芯片扫描仪中，设定参数，扫描并对结果进行分析。芯片于 –20 ℃避光保存。

五、注意事项

（1）为保证 PCR 产物的特异性，可采取巢式 PCR。

（2）若需建立 RNA 病毒的基因芯片，采取反转录 PCR 的方法进行。

（3）为了保证制备的基因芯片可靠性，务必进行特异性实验、敏感性实验以及重复性实验。

（4）为保证待检病毒的特异性，针对每种病毒可多设计几条探针。

参考文献

[1] 索勋. 高级寄生虫学实验指导[M]. 北京：中国农业科学技术出版社，2005.

[2] 陆予云，丁丽. 寄生虫检验技术[M]. 武汉：华中科技大学出版社，2012.

[3] 徐百万. 动物疫病监测技术手册[M]. 北京：中国农业出版社，2010.

[4] 金伯全. 医学免疫学[M]. 5 版. 北京：人民卫生出版社，2008.

[5] 于静，陈彦永，何小江，等. 猪圆环病毒 2 型巢式 PCR 检测方法的建立与初步应用[J]. 中国畜牧兽医，2015，42（12）：3173-3178.

[6] 萨姆·布鲁克. 分子克隆实验指南[M]. 北京：科学出版社，1992.

[7] 唐万寿，王学艳，王晶钰，等. 猪圆环病毒 2 型 PCR 检测方法的建立及其应用[J]. 动物医学进展，2008，29（6）：54-57.

[8] 胡雪静，韦丽莉，高智华，等. 鸡传染性支气管炎病毒 RT-PCR 检测方法的建立[J]. 黑龙江畜牧兽医，2010（17）：120-122.

[9] 余小东. 猪蓝耳病的流行特点及防控方法[J]. 浙江畜牧兽医，2012，37（1）：35-36.

[10] 黄留玉. PCR 最新技术原理、方法及应用[M]. 北京：化学工业出版社，2005.

[11] 曹火仁，顾晓峰，朱骏，等. 荧光定量 PCR 在高致病性猪蓝耳病检测上的应用[J]. 四川畜牧兽医，2010，37（6）：21-22.

[12] 吕翠，马小明，尹燕博，等. 猪流感病毒 M 基因核酸探针的制备与应用[J]. 华北农学报，2009，24（01）：87-92.

[13] 张维铭. 现代分子生物学实验手册[M]. 北京：科学出版社，2007.

[14] GHEIT T，BILLOUD G，DE KONING M N，et al. Development of a sensitive and specific multiplex pcr method combined with dna microarray primer extension to detect betapapillomavirus types[J]. Journal of Clinical Microbiology，2007，45（8）：2537-44.

[15] KAWAGUCHI K，KANEKO S，HONDA M，et al. Detection of hepatitis B virus DNA in sera from patients with chronic hepatitis B virus infection by DNA microarray method[J]. Journal of Clinical Microbiology，2003，41（4）：1701-4.

[16] 苏霞，朱瑞豪，陈小玲，等. 鸡传染性贫血病毒、网状内皮增生症病毒与禽白血病病毒基因芯片检测方法的建立[J]. 华北农学报，2015，30（06）：91-96.

[17] 张志美，张春华，张颖，等. 鸭瘟的诊断及防治措施[J]. 水禽世界，2008（4）：28-29.

[18] 马秀丽，宋敏训，李玉峰，等. PCR 用于鸭瘟病毒诊断的研究[J]. 中国预防兽医学报，2005，27（5）：408-411.

[19] 李小康. 猪细小病毒 PCR 诊断方法建立及标准制订[D]. 郑州：河南农业大学，2007：20-24.

[20] 韩俊伟，杜海燕. 一例高致病性猪蓝耳病和猪瘟混合感染的诊断[J]. 中国畜禽种业，2015，11（8）：106-107.

[21] 程敏，郭抗抗，张彦明，等. 猪瘟病毒实时定量 PCR 检测方法的建立及初步应用[J]. 西北农业学报，2012，21（9）：29-33.

[22] 陈贤德，汪洋. 鸡新城疫病毒 RT-PCR 检测方法的建立及应用[J]. 动物医学进展，2013，34（6）：208-211.